U0597669

高等职业教育通信类专业系列教材

网络系统建设与运行维护
实战教程｜微课版

主　编　孙秀英

副主编　朱东进　陈　艳　吴华光

　　　　杨功元　邱裕婷　史红彦

主　审　马　强

科学出版社

北　京

内 容 简 介

本书内容包括两大方向：华为数据通信 HCIE 认证实验模拟项目和人社部网络系统建设与运维（初级、中级和高级）模拟项目，具体内容包括实验环境准备、路由交换关键技术及应用、路由交换技术综合实训、企业网建设项目设计和网络系统建设与运维认证项目，共 5 个单元。本书内容可为学生参加华为数据通信高级认证夯实基础，学习完本书，可使学生掌据构建大中型复杂网络设计、规划和调测技能，并具备独立进行大型网络的运行维护、故障诊断和故障处理能力。

本书适合高等职业院校现代通信技术、现代移动通信技术、计算机网络技术专业和应用型本科院校网络工程等专业学生学习使用，可在完成"路由交换技术与应用"课程学习后，使用本书灵活开设路由交换技术综合实训、网络系统建设与运维综合实训，高级网工认证整周实训或网络工程专业见习。本书不仅适合作为 HCIE-Datacom 认证、高级网络工程师认证及网络系统建设与运维认证的辅导教材，还可为企事业单位网络工程技术人员和数据通信产品工程师提升专业技能提供参考。

图书在版编目(CIP)数据

网络系统建设与运行维护实战教程/孙秀英主编. —北京：科学出版社，2023.1（2024.12 修订）

ISBN 978-7-03-074146-2

Ⅰ.①网… Ⅱ.①孙… Ⅲ.①计算机网络-网络系统-教材 Ⅳ.①TP393.03

中国版本图书馆 CIP 数据核字（2022）第 235127 号

责任编辑：孙露露 王会明 / 责任校对：王万红
责任印制：吕春珉 / 封面设计：东方人华平面设计部

科 学 出 版 社 出版

北京东黄城根北街 16 号
邮政编码：100717
http://www.sciencep.com

三河市骏杰印刷有限公司印刷
科学出版社发行 各地新华书店经销

*

2023 年 1 月第 一 版 开本：787×1092 1/16
2024 年 12 月第二次印刷 印张：12 1/4
字数：275 000

定价：59.00 元

（如有印装质量问题，我社负责调换）

销售部电话 010-62136230 编辑部电话 010-62135763-2010

版权所有，侵权必究

前　言

本书根据"十四五"职业教育国家规划教材编写要求，贯彻落实党的教育方针，落实立德树人根本任务，培养德智体美劳全面发展的社会主义建设者和接班人。本书编写突出信息通信技术（information and communications technology，ICT）产业高技能人才培养特色，注重工匠精神和劳动素质培养，遵循职业教育教学规律和人才成长规律，以真实的网络建设项目和典型工作任务等为载体，将知识、能力和职业素养培养有机结合，满足项目学习、案例学习、模拟认证学习等不同学习方式的要求；坚持以真实项目操作训练的原则，提炼典型技术应用知识点，遵循企业工程师训练模式，设计企业网建设和校园网建设综合实训项目，增强了教材的适用性、科学性和先进性，可以实现在没有数据通信设备的情况下，使用华为 eNSP（enterprise network simulation platform，企业网仿真模拟器）完成实训项目配置，方便教学实施。

本书在编写过程中将华为数据通信高级认证项目引进课堂教学，选取企业网建设和校园网建设真实项目案例，教材内容由浅入深，对接人社部《网络系统建设与运维》认证大纲，编写设计思路是通过因材施教，进阶式训练学生对大型网络工程综合项目运行维护的实操能力，以满足数字化转型背景下 ICT 高技能人才培养需求。

1. 本书特色和创新

（1）采用企业工程师训练模式编写

本书主体结构设计依据企业网建设和校园网建设真实项目案例，使用华为 eNSP 构建实训拓扑，让学生亲身体验路由交换关键技术应用场景，对相关技能训练知其然，亦知其所以然。

（2）注重实战性训练

将企业员工的岗前技术培训迁移到学生毕业前，采用师傅带徒弟的方式传授技能，培养学生对网络系统建设与运维综合大型项目的规划设计及故障诊断和处理能力，提升学生就业和职业升迁能力。

（3）使用华为 eNSP 仿真模拟真实设备环境

本书使用华为 eNSP 模拟网络系统建设与运维环境，填补了在没有真实设备教学条件下开设高级网络工程师实践技能训练课程和网络系统建设与运维认证课程的空白。

（4）编写团队实力强大

本书通过校企合作形式开发。主编孙秀英为二级教授，是来自于通信企业的资深技术专家、华为数据通信 HCIE-Datacom 认证专家，长期在教学一线教书育人，具有丰富的实践教学经验和技能大赛辅导经验，本书参编团队成员有华为 HCIE-R&S 认证专家 2

人、华为 ICT 学院 HICE 认证讲师 2 人，企业参编有华为数通 HICE 讲师 2 人。

通过产教融合、校企合作开发，教材内容与华为数据通信认证课程对接。教师定期参加华为 ICT 学院师资认证培训，将新技术应用及时体现在教材内容中，确保教材与对应的课程内容保持同步。

（5）课证融通取得实效

本书将华为技术引进高校课堂，开发与人社部网络系统建设与运维认证对接的课程，同步实践教学，通过真实项目案例分析讲解训练，通俗易懂。本书以校本讲义的形式，在教学实践中应用 5 轮后正式出版。出版后在高职院校、高职本科院校和应用型本科院校广泛使用，教学实践效果良好，深受使用院校欢迎。

（6）教材资源与课程资源一体化开发

本书数字化资源对接"现代通信技术"国家资源库课程"网络系统建设与运行维护实战"的微课资源，满足授课教师使用本书实施对应课程的教学，方便实现线上和线下混合式教学的开展。

2. 本书使用说明

（1）实训环境要求与准备

本书使用华为 eNSP 辅助实验操作讲解，华为为合作院校免费提供 eNSP 软件，授课教师可以使用软件模拟相关的操作实验；书中的实训项目可以根据教学内容自行设计，师生也可对实训项目配置进行实验操作验证。

模拟器的下载方法：登录华为培训认证网站，在"工具专区"窗格中单击 eNSP 图标，进入下载页面进行下载。

使用华为 eNSP 对路由器和交换机进行配置，需要计算机内存大于 8GB。

（2）课时安排

本书可以对接华为数据通信 HCIA（Huawei Certified ICT Associate，华为认证 ICT 工程师）、HCIP（Huawei Certified ICT Professional，华为认证 ICT 资深工程师）、HCIE（Huawei Certified ICT Expert，华为认证 ICT 专家）认证和人社部网络系统建设与运维认证（初级、中级和高级）课程。

根据教学需要，建议分以下两部分开设整周实训课程。

第一部分：主讲路由交换技术综合实训，建议开设 48 课时华为数据通信 HCIA、HCIP 认证路由交换实训课程。

1）单元 2 路由交换关键技术及应用。

2）单元 3 路由交换技术综合实训。

课程结束，参加华为数据通信 HCIA 和 HCIP 认证考试理论和实验考试备考。

第二部分：主讲网络系统建设与运维认证，建议开设 48~52 课时高级网工认证整周实训或网络工程专业见习。

1）单元 4 企业网建设项目设计。

2）单元 5 网络系统建设与运维认证项目。

课程结束,学生可以参加人社部网络系统建设与运维认证考试(初级、中级和高级),应用型本科院校可以开设网络工程和物联网工程专业见习的实践课程。

3. 本书配套资源

1)与本书配套的现代通信技术国家资源库课程"网络系统建设与运维实战"微课资源,可访问教育部智慧职教平台 https://zyk.icve.com.cn/courseDetailed?id=e313a61f-3fc7-4389-96d8-9a75ef8c9b53&openCourse=8de11da7-9574-4151-940d-c9064465ac8f。

2)与本书配套的国家精品在线开放课程"路由交换技术与应用"课程资源,可访问中国大学MOOC网址 https://www.icourse163.org/course/HCIT-1001754308?tid=1473270447。

本书采用校企合作方式共同开发。本书由孙秀英任主编,负责教材编写设计、内容选取、全书统稿、数字化资源开发,单元 2、单元 3、4.1 节、5.4 节的内容编写与实训项目验证,以及附录教学案例设计与编写;朱东进为第一副主编,负责 5.1 节内容编写及实训项目验证;陈艳为第二副主编,负责 5.2 节内容编写及实训项目验证;吴华光为第三副主编,负责 5.3 节内容编写及实训项目验证;杨功元为第四副主编,负责单元 1 内容编写及实训项目验证;邱裕婷为第五副主编,负责 4.2 节内容编写及实训项目验证;史红彦为第六副主编,负责 MOOC 资源更新;杨宏宇作为参编,负责课件制作及 SPOC 教学应用;贾建强作为参编,负责数字化资源更新与教材应用实践。嘉环科技股份有限公司马强负责教材内容审核与数字化资源开发,并提供技术支持。

本书编写得到了华为 ICT 学院领导、嘉环科技股份有限公司领导及嘉应学院计算机学院领导的大力支持。本书自校本讲义到正式出版,已在嘉应学院网络工程专业见习实践教学应用 5 年,在新疆农业职业技术大学实践教学应用 2 年,本书主编授课班学生参与了实验项目数据配置验证,这里一并表示诚挚的谢意!

最后,感谢我的家人对我投入教材编写和教材应用授课工作的大力支持!

选用本书授课的院校,如需要教学课件资源,或需要开设综合实训教学指导,请联系主编孙秀英,联系邮箱 390070791@qq.com。

由于编者水平有限,书中不妥或疏漏之处在所难免,殷切希望广大读者及时批评指正,以便修订时完善,编者将不胜感激。

孙秀英

2024 年 9 月

目　录

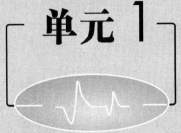

单元 1

实验环境准备

本单元通过使用 eNSP 仿真模拟器（以下简称 eNSP）模拟网络系统建设与运维实验设备配置环境，通过模拟真实环境进行综合项目训练，强调实验实训操作安全，树立国家安全观。

学习指导

知识目标 ☞	• 了解华为 eNSP 软件功能。
能力目标 ☞	• 使用 eNSP 模拟网络系统建设环境。
素质目标 ☞	• 学习华为优秀企业文化和先进技术，增强民族自豪感，树立终身学习的意识； • 树立国家安全观。
重点难点 ☞	• 安装与测试 eNSP； • 使用 eNSP 构建实验项目拓扑。

1.1 eNSP 仿真模拟器软件简介

eNSP 是华为免费提供的一款可扩展的、图形化的网络设备仿真平台，可对企业网路由器、交换机、无线局域网（wireless local area network，WLAN）设备的数据进行仿真配置，展示真实设备技术应用的实景，支持大型网络模拟，提供便捷的图形化操作界面，直观感受设备配置命令执行状态，按照真实设备支持特性情况进行模拟，既可以在没有真实设备的情况下开设路由交换技术与应用实践教学课程，方便教师实践教学实施，又能帮助工程技术人员学习网络技术，还可以为参加 HCIE-R&S 认证学员提供实验操作环境。eNSP 可以在华为官网下载，极大地方便了没有购买数据通信设备的学校开设路由交换技术课程。

1.1.1 使用 eNSP 仿真模拟器构建实验拓扑

使用 eNSP 构建实验拓扑的具体操作步骤如下。

1 启动 eNSP

eNSP 启动后，可以构建路由交换技术应用组网实验拓扑，并进行数据配置、验证及故障排除等技能操作。

开启 eNSP 后，将看到 eNSP 界面，如图 1-1 所示。左侧面板中的图标代表 eNSP

图 1-1 eNSP 界面

所支持的各产品和设备。中间面板包含多种网络场景的样例。单击窗口左上角的"新建"图标，创建一个新的实验场景。可以在弹出的空白界面上搭建网络拓扑图、练习组网、分析网络行为等。

② 选择终端设备型号

在左侧面板顶部单击"终端"图标，在显示的终端设备中选中"PC"图标并把图标拖动到空白界面上，建立拓扑，如图 1-2 所示。

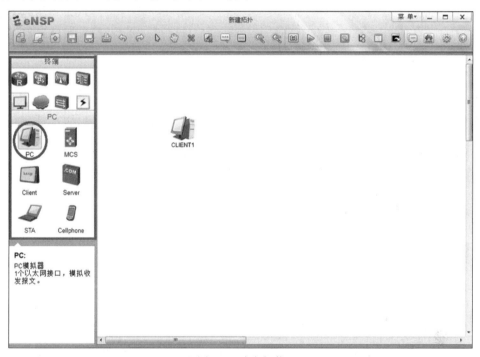

图 1-2　建立拓扑

使用相同的步骤，再拖动一个"PC"图标到空白界面上，双击设备名称，命名为 PC1、PC2，建立一个端到端网络拓扑。

③ 建立设备物理连接

在左侧面板顶部单击"设备连线"图标，在显示的连接中选中图标，单击设备选择端口完成连接，在设备端口连接中，e 表示以太网端口，建立物理连接如图 1-3 所示。

可以观察到，在已建立的网络中，连线的两端显示的是两个红点，即端口指示灯为红色，表示该连线连接的两个端口都处于 Down 状态（没有开启）。若端口开启成功，则端口指示灯变成绿色。

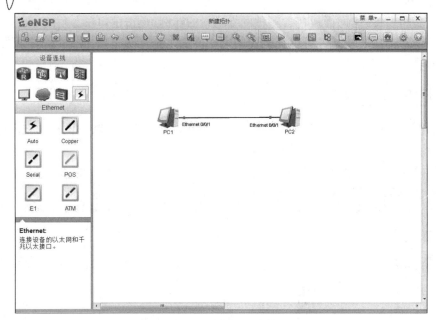

彩图 1-3

图 1-3　建立物理连接

1.1.2　实验拓扑数据配置

1　进入终端系统配置界面

右击一台终端设备，如 PC1，在弹出的属性菜单中选择"设置"选项，如图 1-4 所示，可查看该设备的系统配置信息。

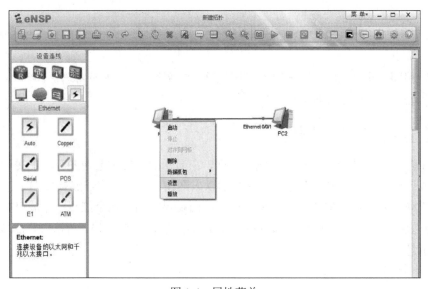

图 1-4　属性菜单

弹出的属性设置对话框包含"基础配置""命令行""组播""UDP 发包工具"四个标签页，分别用于不同需求的配置，如图 1-5 所示。

图 1-5　属性设置对话框

2　配置终端设备数据

选择"基础配置"标签页，在"主机名"文本框中输入主机名称；在"IPv4 配置"区域，单击"静态"单选按钮，在"IP 地址"文本框和"子网掩码"文本框中输入 IP 地址及子网掩码，如图 1-6 所示。配置完成后，单击对话框右下角的"应用"按钮，再单击对话框右上角的"关闭"按钮关闭该对话框。

图 1-6　配置终端系统

使用相同的步骤配置 PC2 的地址，具体配置如图 1-7 所示。

图 1-7　PC2 地址配置

1.2 配 置 测 试

完成设备数据配置后，两台终端设备系统可以成功建立端到端通信。

1.2.1　启动终端系统设备

可以使用以下两种方法启动设备：

1）右击一台设备，在弹出的菜单中选择"启动"选项，启动该设备。

2）拖动光标选中多台设备后右击，在弹出的菜单中选择"启动"选项，启动所有设备，如图 1-8 所示。

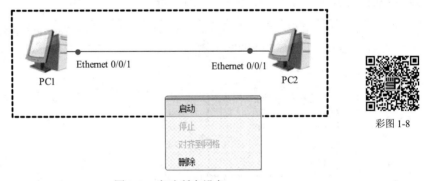

彩图 1-8

图 1-8　启动所有设备

设备启动后，线缆上的红点将变为绿色，表示该连接为 Up 状态（开启）。当网络拓扑中的设备变为可操作状态后，可监控物理链接中的端口状态与介质传输中的数据流。

1.2.2　捕获接口报文

选中设备 PC1 并右击，在弹出的菜单中选择"数据抓包"选项后，会显示设备上可用于抓包的接口列表。从列表中选择需要被监控的接口。接口选择完成后，Wireshark 抓包工具会自动激活，捕获选中接口收发的所有报文。若需监控多个接口，则重复上述步骤，选择不同接口即可，Wireshark 将会为每个接口激活不同实例来捕获数据包。捕获接口报文如图 1-9 所示。

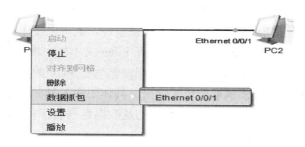

图 1-9　捕获接口报文

根据被监控设备的状态，Wireshark 可捕获选中接口上产生的所有流量，生成抓包结果。在本实例的端到端组网中，需要先通过配置来产生一些流量，再观察抓包结果。

1.2.3　生成接口流量

可以使用以下两种方式打开命令行界面：

1）双击设备图标，在弹出的窗口中选择"命令行"标签页。

2）右击设备图标，在弹出的属性菜单中选择"设置"选项，然后在弹出的对话框中选择"命令行"标签页。

产生流量最简单的方法是使用 ping 命令发送 ICMP 报文。在命令行界面输入 ping 命令，其中设置为对端设备的 IP 地址，发送 ICMP 报文产生的流量如图 1-10 所示。

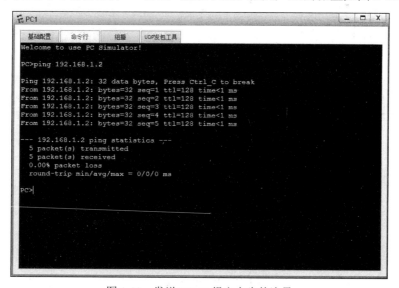

图 1-10　发送 ICMP 报文产生的流量

产生的流量会在该界面的回显信息中显示，包含发送的报文和接受的报文，显示系统已经连通。生成流量之后，通过 Wireshark 捕获报文并生成抓包结果。可在抓包结果中查看 IP 网络协议的工作过程，以及报文中所有基于开放系统互连（open systems interconnection，OSI）参考模型各层的详细内容。

Wireshark 程序包含许多针对所捕获报文的管理功能，其中一个比较常见的就是过滤功能。在菜单栏下的 Filter 文本框中输入过滤条件，就可以使用该功能。

Wireshark 抓获 ICMP 协议的报文，首先在 Filter 文本框中输入 icmp，单击 apply 按钮，在回显中将只显示 ICMP 报文的捕获结果；然后在 PC1 的命令行窗口中输入 ping 192.168.1.2 查看 Wireshark 所抓取的报文结果，具体如图 1-11 所示。

Wireshark 界面包含三个面板，分别显示的是数据包列表、每个数据包的内容明细以及数据对应的十六进制的数据格式。

报文内容明细对于理解协议报文格式十分重要，同时也显示了各层协议的详细信息。展开明细中的协议，即可观察到每个协议单元的格式，如展开 ICMP 协议时 ICMP 的报文格式如图 1-12 所示。

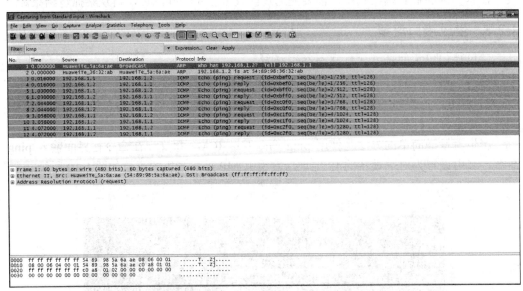

图 1-11　查看 Wireshark 所抓取的报文结果

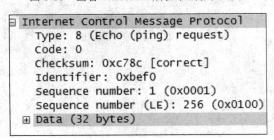

图 1-12　ICMP 的报文格式

1.3

使用 eNSP 构建路由交换技术实验拓扑

实训项目中需要对交换机和路由器数据进行配置，建立相关的实训拓扑。下面以两台交换机与终端 PC 机相连为例，构建二层交换机技术实验拓扑。

1.3.1　构建二层交换机技术实验拓扑

拓扑图构建步骤如下：

第一步，启动已经安装好的 eNSP 模拟器，单击"新建拓扑"按钮，开启新建拓扑，如图 1-13 和图 1-14 所示。

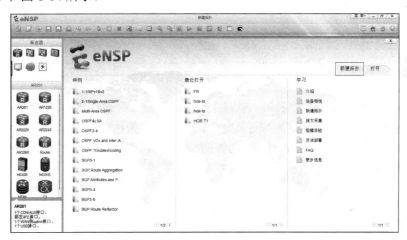

图 1-13　开启新建拓扑（一）

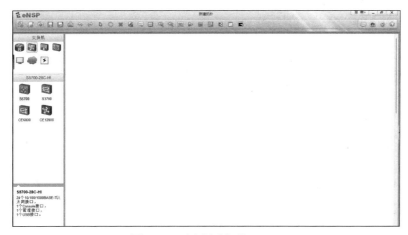

图 1-14　开启新建拓扑（二）

第二步，单击"交换机"图标，将两个 S5700 交换机拖动到新建拓扑中，交换机设备选择如图 1-15 所示。

图 1-15　交换机设备选择

第三步，选择设备连线，右击 LSW1（模拟器视图中交换机表示为 LSW，实际对设备配置时交换机名称写为 SW，下同）交换机，选择交换机端口 GE 0/0/1，用同样的方法选择 SW2 交换机端口 GE 0/0/1，将 SW1 的 GE 0/0/1 端口和 SW2 的 GE 0/0/1 端口相连。两台交换机端口连接如图 1-16～图 1-18 所示。

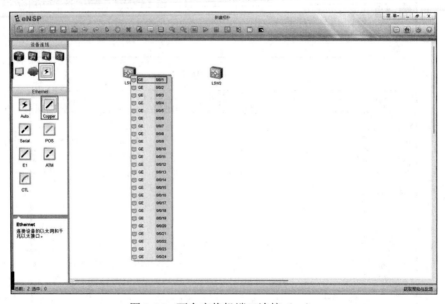

图 1-16　两台交换机端口连接（一）

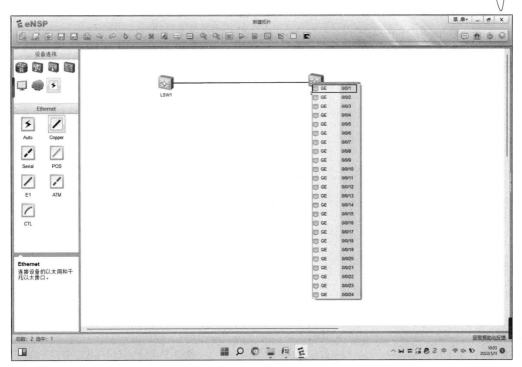

图 1-17 两台交换机端口连接（二）

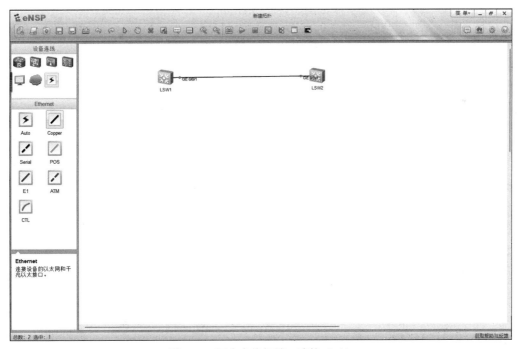

图 1-18 两台交换机端口连接（三）

第四步，启动交换机设备，启动过程如图 1-19～图 1-21 所示。

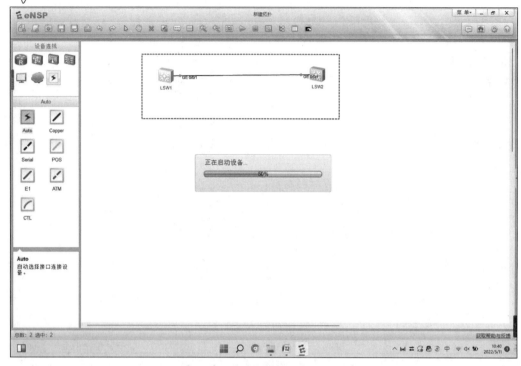

图 1-19　启动交换机设备（一）

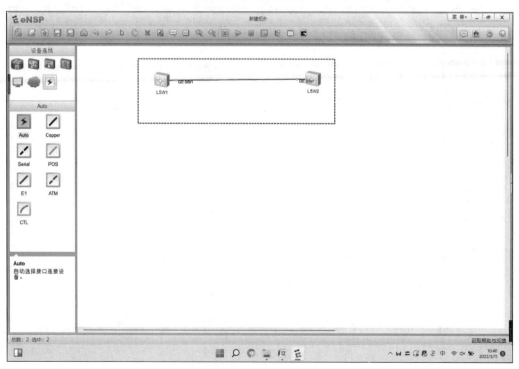

图 1-20　启动交换机设备（二）

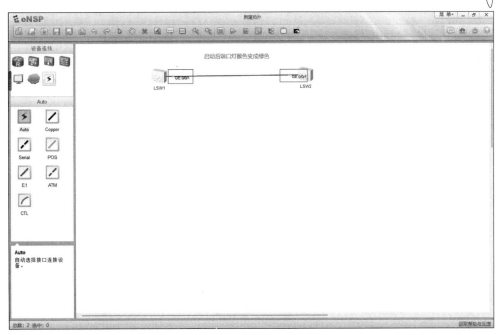

图 1-21　启动交换机设备（三）

通过上述步骤完成两台交换机连接，下面配置交换机与终端 PC 机相连。

第五步，交换机 SW1 和终端 PC1 相连，选择终端设备 PC1 及相应端口，SW1 交换机与终端 PC1 连接如图 1-22 和图 1-23 所示。

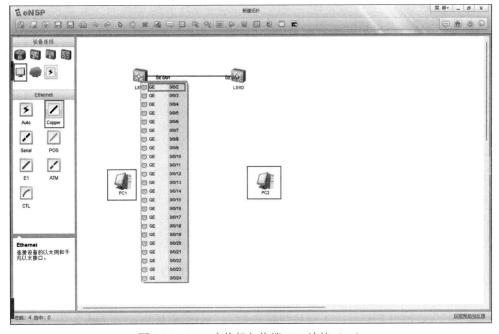

图 1-22　SW1 交换机与终端 PC1 连接（一）

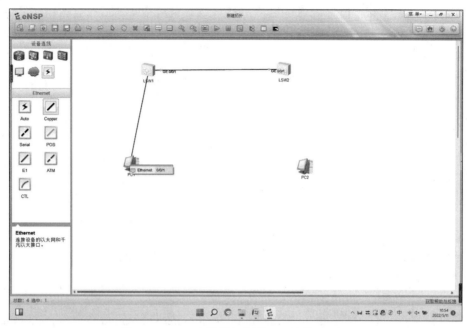

图 1-23　SW1 交换机与终端 PC1 连接（二）

第六步，同理，完成 SW2 交换机与终端 PC2 连接，重新启动设备后，SW2 交换机
与终端 PC2 连接如图 1-24 所示。

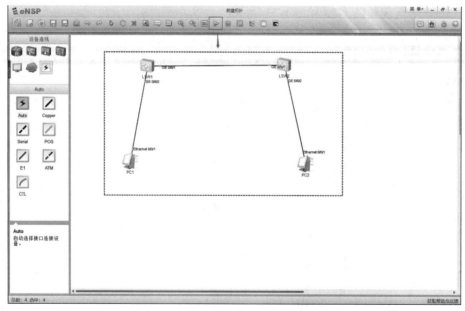

图 1-24　SW2 交换机与终端 PC2 连接

第七步，双击交换机，进入交换机配置界面。交换机数据配置命令界面如图 1-25
所示。

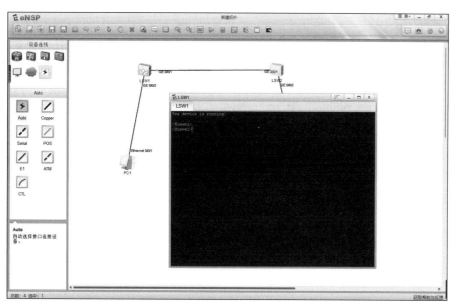

图 1-25 交换机数据配置命令界面

第八步，双击终端 PC，进入 PC 终端配置对话框，PC 终端数据配置界面如图 1-26 所示。

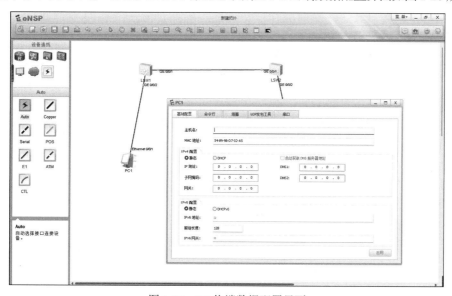

图 1-26 PC 终端数据配置界面

经过上述八个步骤完成了两台交换机与终端 PC 机相连实验拓扑构建，可以依据业务需求进行相关数据配置了。

1.3.2 构建三层路由技术实验拓扑

下面以常见的两台三层路由器的串口连接为例，构建三层路由技术实验拓扑。具体操作步骤如下：

第一步，启动已经安装好的 eNSP，单击"新建拓扑"按钮构建拓扑，单击"路由器"图标，将两个路由器设备 R1 和 R2 拖至新建拓扑区，选择串口连线将两台路由器相连接。路由器连接如图 1-27～图 1-29 所示。

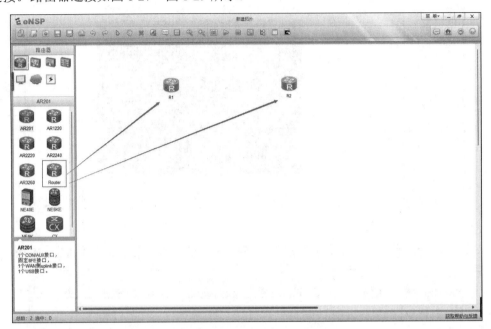

图 1-27　路由器连接（一）

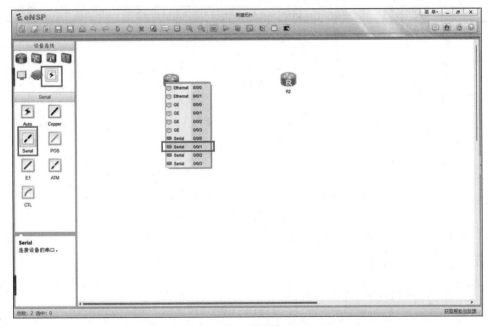

图 1-28　路由器连接（二）

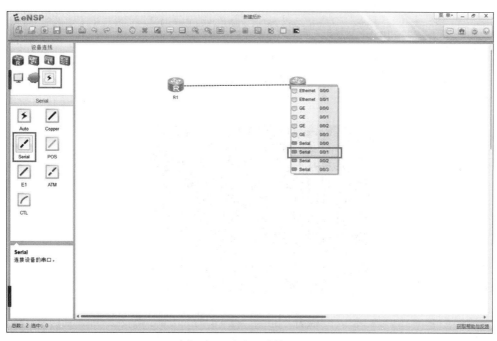

图 1-29　路由器连接（三）

　　第二步，启动 R1 和 R2 路由器设备，双击路由器，进入路由器端口数据配置界面。路由器启动与端口数据配置界面如图 1-30 和图 1-31 所示。

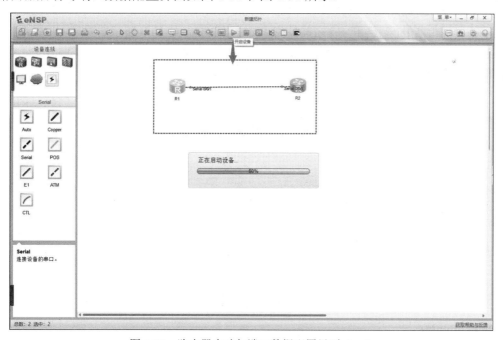

图 1-30　路由器启动与端口数据配置界面（一）

图 1-31　路由器启动与端口数据配置界面（二）

1.3.3　构建 FR 实验拓扑

下面以三台路由器串口连接帧中继（frame relay，FR）设备为例，构建 FR 技术实验拓扑。路由器 R1、R4 和 R5 之间使用 FR 进行互联，是 Hub-Spoke 模式，其中 R1 为 Hub 端，R4、R5 为 Spoke 端。所有 FR 接口不能使用子接口，并且关掉自动 Inverse ARP 功能。使用 eNSP 构建 FR 实验拓扑如图 1-32 所示。

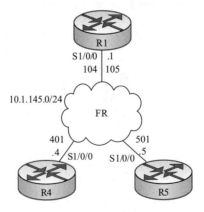

图 1-32　FR 实验拓扑

配置步骤如下：

第一步，双击 FR，添加 4 个 DLCI 映射，如图 1-33～图 1-36 所示。

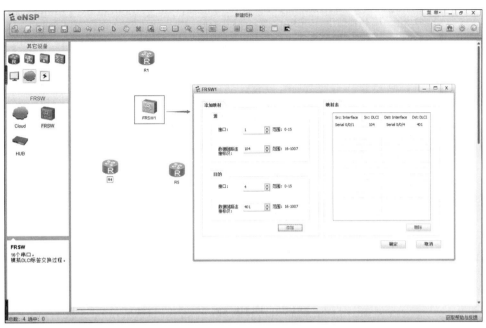

图 1-33　DLCI 映射（一）

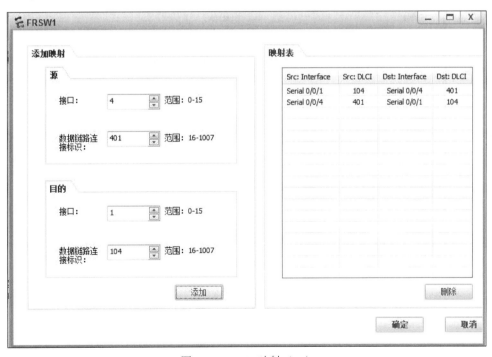

图 1-34　DLCI 映射（二）

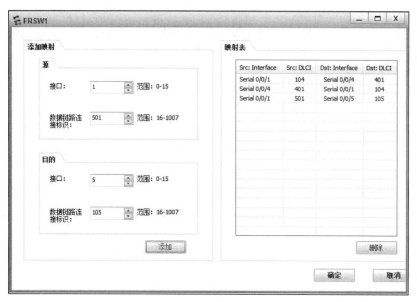

图 1-35　DLCI 映射（三）

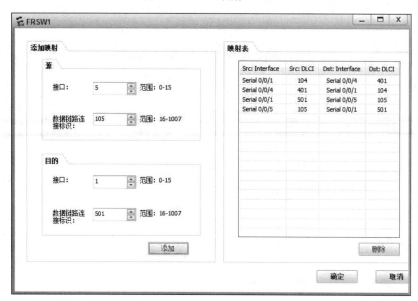

图 1-36　DLCI 映射（四）

　　第二步，选择 Serial 连线，将 R1、R4、R5 和 FR 连接。FR 拓扑连接如图 1-37 所示。

　　第三步，选中路由器 R1、R4、R5 和 FR 设备，单击工具栏中的"开启设备"按钮，开启 FR 拓扑实验设备，如图 1-38 所示。

　　当线缆上的红色接口变成绿色时，表示设备已开启，此时 FR 实验拓扑构建完毕，双击设备进行数据配置。

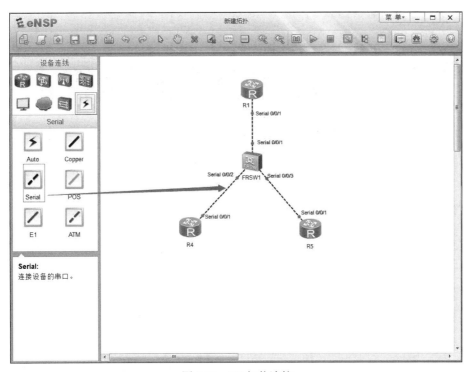

图 1-37　FR 拓扑连接

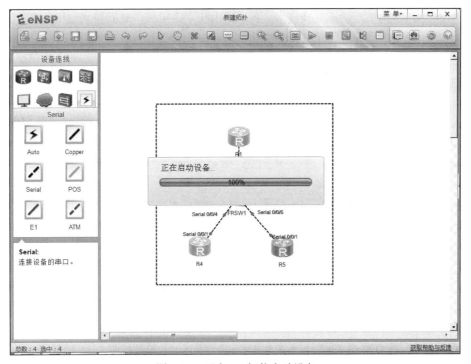

图 1-38　开启 FR 拓扑实验设备

单元 2 路由交换关键技术及应用

随着企业网络的发展，越来越多的用户需要接入网络，交换机提供的大量接入端口能够很好地满足用户接入网络的需求。应用路由交换技术可以实施企业建设和校园网建设，将不在相同地点的企业和校园分支机构互联，并通过出口设计接入互联网，实现企业数字化转型。

本单元讲解交换技术应用、路由技术应用和广域网技术应用，在技能训练过程中学习华为优秀企业文化，增强文化自信和民族自信。

学习指导

知识目标 ☞
- 掌握链路聚合、虚拟局域网（virtual local area network，VLAN）技术、静态路由、默认路由、三层 VLAN 间通信、开放最短路径优先（open shortest path first，OSPF）协议知识。

能力目标 ☞
- 掌握二层路由交换技术应用；
- 掌握三层路由交换技术应用；
- 掌握广域网技术应用。

素质目标 ☞
- 小组成员协作排除数据配置故障，增强团队协作能力；
- 学习华为优秀企业文化，增强文化自信和民族自信。

重点难点 ☞
- 交换技术、路由技术、广域网技术。

2.1

二层交换技术应用场景

交换机工作在数据链路层，对数据帧进行操作。在收到数据帧后，交换机会根据数据帧的头部信息对数据帧进行转发。交换机彻底解决了困扰早期以太网的冲突问题，极大地提升了以太网的性能，同时也提高了以太网的安全性。

交换网络基础

本单元针对 OSI 二层典型技术应用的数据配置、配置验证和故障排错思路分析讲解，包括 Trunk、Eth-Trunk 链路聚合、快速生成树协议（rapid spanning tree protocol，RSTP）、多生成树协议（multiple spanning tree protocol，MSTP）、Smart Link（灵活链路）和 VLAN 技术应用。

2.1.1　Trunk 技术应用配置案例

VLAN 链路分为接入链路（access link）和干道链路（trunk link）两种类型。接入链路也称 Access 链路，指连接用户主机和交换机的链路。干道链路也称 Trunk 链路，指连接交换机和交换机的链路。干道链路上通过的帧一般为带 Tag 的 VLAN 帧。

Trunk 技术应用
配置案例

交换机端口模式包括 Access 端口、Trunk 端口和 Hybrid 端口三种类型。

1）Access 端口是交换机上用来连接用户主机的端口，它只能连接接入链路。Trunk 端口是交换机上用来和其他交换机连接的端口，它只能连接干道链路。

2）Trunk 端口收发数据帧的规则如下：当接收到对端设备发送的不带 Tag 的数据帧时，会添加该端口的基于端口的 VLAN ID（port-base VLANID，PVID），如果 PVID 在允许通过的 VLAN ID 列表中，则接收该报文，否则丢弃该报文。当接收到对端设备发送的带 Tag 的数据帧时，检查 VLAN ID 是否在允许通过的 VLAN ID 列表中。如果 VLAN ID 在接口允许通过的 VLAN ID 列表中，则接收该报文，否则丢弃该报文。端口发送数据帧时，当 VLAN ID 与端口的 PVID 相同，且是该端口允许通过的 VLAN ID 时，去掉 Tag，发送该报文。当 VLAN ID 与端口的 PVID 不同，且是该端口允许通过的 VLAN ID 时，保持原有 Tag，发送该报文。

3）Hybrid 端口是交换机上既可以连接用户主机，又可以连接其他交换机的端口。Hybrid 端口既可以连接接入链路，又可以连接干道链路。

配置端口类型的命令是 port link-type <type>，type 可以配置为 Access、Trunk 或 Hybrid。配置 Access 时，应使用 port link-type access 命令修改端口的类型为 Access。配置 Trunk 时，应使用 port link-type trunk 命令修改端口的类型为 Trunk。配置 Hybrid 时，应使用 port link-type hybrid 命令修改端口的类型为 Hybrid。

　　配置 Trunk 时，应先使用 port link-type trunk 命令修改端口的类型为 Trunk，然后再配置 Trunk 端口允许哪些 VLAN 的数据帧可以通过，执行 port trunk allow-pass vlan { { vlan-id1 [to vlan-id2] } | all }命令，可以配置端口允许的 VLAN，all 表示允许所有 VLAN 的数据帧通过。

　　执行 port trunk pvid vlan vlan-id 命令，可以修改 Trunk 端口的 PVID。修改 Trunk 端口的 PVID 之后，需要注意默认 VLAN 不一定是端口允许通过的 VLAN，只有使用命令 port trunk allow-pass vlan { { vlan-id1 [to vlan-id2] } | all }允许默认 VLAN 数据通过，才能转发默认 VLAN 的数据帧。交换机的所有端口默认允许 VLAN 1 的数据通过。

　　在默认情况下，X7 系列交换机的端口类型是 Hybrid。因此，只有在把 Access 端口或 Trunk 端口配置成 Hybrid 端口时，才需要执行此命令。需要注意的是，如果查看端口配置时没有发现端口类型信息，说明端口使用了默认的 Hybrid 端口链路类型。当修改端口类型时，必须先恢复端口的默认 VLAN 配置，使端口属于默认的 VLAN 1。

　　例如，在如图 2-1 所示的 VLAN 配置拓扑中，将 SW1 和 SW2 的 GE 0/0/1 端口配置为 Trunk 端口，该端口 PVID 默认为 1。配置 port trunk allow-pass vlan 2 3 命令之后，该 Trunk 允许 VLAN 2 和 VLAN 3 的数据流量通过。将 SW1 和 SW2 的 Ethernet 0/0/1 端口配置为 Access 端口，PC1 划分到 VLAN 2，PC2 划分到 VLAN 3。

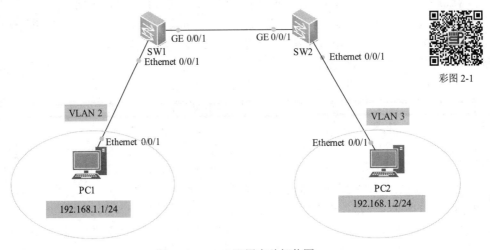

彩图 2-1

图 2-1　VLAN 配置实验拓扑图

1 数据配置

SW1 的数据配置如下：

```
interface Ethernet0/0/1
 port link-type access
interface GigabitEthernet0/0/1
 port link-type trunk
 port trunk allow-pass vlan 2 to 3
```

SW2 的数据配置如下：

```
interface Ethernet0/0/1
 port link-type access
interface GigabitEthernet0/0/1
 port link-type trunk
 port trunk allow-pass vlan 2 to 3
```

2 配置验证

对 SW1 执行 display vlan 命令可以查看修改后的配置。VLAN 配置验证如图 2-2 所示（SW2 的 VLAN 配置和验证与 SW1 相同）。

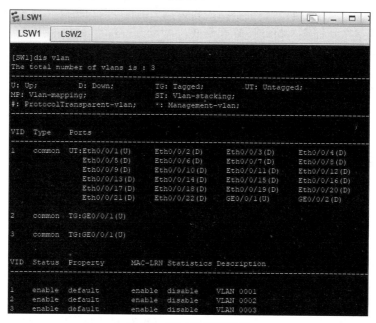

图 2-2 VLAN 配置验证

3 故障排错

故障排错思路如下：

1）Trunk 端口是否允许相应 VLAN 的帧通过。

2）是否在全局视图下按照题目要求创建相应的 VLAN。

3）是否根据示例要求更改相应端口角色。

2.1.2 Eth-Trunk 链路聚合技术应用配置案例

在企业网络中，所有设备的流量在转发到其他网络前都会汇聚到核心层，再由核心区设备转发到其他网络，或者转发到外网。在核心层设备负责数据的高速交换时，容易发生拥塞。因此，在核心层部署链路聚合，可以提升整个网络的数据吞吐量，解决拥塞问题。

Eth-Trunk 链路聚合技术应用配置案例

25

链路聚合是指把两台设备之间的多条物理链路聚合在一起，当作一条逻辑链路来使用。这两台设备可以是一对路由器、一对交换机或一台路由器和一台交换机。一条聚合链路可以包含多条成员链路，在 ARG3 系列路由器和 X7 系列交换机上默认最多为 8 条。

链路聚合的作用提高链路带宽。理论上，通过聚合几条链路，一个聚合口的带宽可以扩展为所有成员口带宽的总和，这样就有效地增加了逻辑链路的带宽。链路聚合为网络提供了高可靠性。配置链路聚合之后，如果一个成员口发生故障，该成员口的物理链路会把流量切换到另一条成员链路上。链路聚合还可以在一个聚合口上实现负载均衡，一个聚合口可以把流量分散到多个不同的成员口上，通过成员链路把流量发送到同一个目的地，将网络产生拥塞的可能性降到最低。

链路聚合包括两种模式：手动负载均衡模式和链路聚合控制协议（link aggregation control protocol，LACP）模式。

1）在手工负载分担模式中，Eth-Trunk 的建立、成员口的加入由手工配置，没有 LACP 的参与。该模式下所有活动链路都参与数据的转发，平均分担流量，因此称为负载分担模式。如果某条活动链路故障，链路聚合组自动在剩余的活动链路中平均分担流量。当需要在两个直连设备之间提供一个较大的链路带宽而设备又不支持 LACP 时，可以使用手工负载分担模式。ARG3 系列路由器和 X7 系列交换机可以基于目的 MAC 地址、源 MAC 地址或基于源 MAC 地址和目的 MAC 地址，以及基于源 IP 地址、目的 IP 地址或基于源 IP 地址和目的 IP 地址进行负载均衡。

2）在 LACP 模式中，链路两端的设备相互发送 LACP 报文，协商聚合参数。协商完成后，两台设备确定活动接口和非活动接口。在 LACP 模式中，需要手动创建一个 Eth-Trunk 口，并添加成员口。LACP 协商选举活动接口和非活动接口。LACP 模式也叫 M：N 模式。M 代表活动成员链路，用于在负载均衡模式中转发数据。N 代表非活动链路，用于冗余备份。如果一条活动链路发生故障，该链路传输的数据被切换到一条优先级最高的备份链路上，这条备份链路转变为活动状态。

两种链路聚合模式的主要区别：在手动负载均衡模式中，所有的成员口都处于转发状态；在 LACP 模式中，一些链路充当备份链路。

在一个聚合口中，聚合链路两端的物理口（即成员口）的所有参数必须一致，包括物理口的数量、传输速率、双工模式和流量控制模式。成员口可以是二层接口或三层接口。

通过执行 interface Eth-trunk <trunk-id>命令配置链路聚合。这条命令创建了一个 Eth-Trunk 口，并且进入该 Eth-Trunk 口视图。trunk-id 用来唯一标识一个 Eth-Trunk 口，该参数的取值可以是 0～63 的任何一个整数。如果指定的 Eth-Trunk 口已经存在，则执行 interface eth-trunk 命令会直接进入该 Eth-Trunk 口视图。

配置 Eth-Trunk 口和成员口，需要注意以下规则：

1）只能删除不包含任何成员口的 Eth-Trunk 口。

2）把接口加入 Eth-Trunk 口时，二层 Eth-Trunk 口的成员口必须是二层接口，三层 Eth-Trunk 口的成员口必须是三层接口。

3）一个 Eth-Trunk 口最多可以加入 8 个成员口。

4）加入 Eth-Trunk 口的接口必须是 Hybrid 接口（默认的接口类型）。

5）一个 Eth-Trunk 口不能充当其他 Eth-Trunk 口的成员口。

6）一个以太接口只能加入一个 Eth-Trunk 口。如果把一个以太接口加入另一个 Eth-Trunk 口，必须先把该以太接口从当前所属的 Eth-Trunk 口中删除。

7）一个 Eth-Trunk 口的成员口类型必须相同。例如，一个快速以太口（FE 口）和一个千兆以太口（GE 口）不能加入同一个 Eth-Trunk。

8）位于不同接口板（LPU）上的以太口可以加入同一个 Eth-Trunk 口。如果一个对端接口直接和本端 Eth-Trunk 口的一个成员口相连，该对端接口也必须加入一个 Eth-Trunk 口。否则两端无法通信。

9）如果成员口的速率不同，速率较低的接口可能会拥塞，报文可能会被丢弃。

10）接口加入 Eth-Trunk 口后，Eth-Trunk 口学习 MAC 地址，成员口不再学习。

链路聚合实验拓扑如图 2-3 所示。

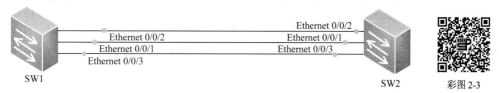

图 2-3　链路聚合实验拓扑

1　数据配置

SW1 的数据配置如下：

```
interface Eth-Trunk1
interface Ethernet0/0/1
 eth-trunk 1
interface Ethernet0/0/2
 eth-trunk 1
interface Ethernet0/0/3
 eth-trunk 1
```

SW2 的数据配置如下：

```
interface Eth-Trunk1
interface Ethernet0/0/1
 eth-trunk 1
interface Ethernet0/0/2
 eth-trunk 1
interface Ethernet0/0/3
 eth-trunk 1
```

2 配置验证

执行 display interface eth-trunk <trunk-id>命令，可以确认两台设备间是否已经成功实现链路聚合。此外，该命令还能收集流量统计数据、定位接口故障。如果 Eth-Trunk 口处于 Up 状态，表明接口正常运行；如果接口处于 Down 状态，表明所有成员口物理层发生故障。如果管理员手动关闭端口，接口处于 Administratively Down 状态，可以通过接口状态的改变发现接口故障，所有接口正常情况下都应处于 Up 状态。

链路聚合配置验证如图 2-4 所示。

```
[SW1]display eth-trunk 1
Eth-Trunk1's state information is:
WorkingMode: NORMAL      Hash arithmetic: According to SIP-XOR-DIP
Least Active-linknumber: 1 Max Bandwidth-affected-linknumber: 8
Operate status: up       Number Of Up Port In Trunk: 3
--------------------------------------------------------------------
PortName               Status         Weight
Ethernet0/0/1          Up             1
Ethernet0/0/2          Up             1
Ethernet0/0/3          Up             1
```

图 2-4　链路聚合配置验证

3 故障排错

故障排错思路如下：

1）在一个聚合口中，聚合链路两端的物理口（即成员口）的所有参数是否一致。

2）一个以太接口只能加入一个 Eth-Trunk 口。

3）加入 Eth-Trunk 口的接口是否是 Hybrid 接口（默认的接口类型）。

4）一个 Eth-Trunk 口的成员口类型必须相同。例如，一个快速以太口（FE 口）和一个千兆以太口（GE 口）不能加入同一个 Eth-Trunk。

5）把接口加入 Eth-Trunk 口时，二层 Eth-Trunk 口的成员口必须是二层接口，三层 Eth-Trunk 口的成员口必须是三层接口。

2.1.3　RSTP 应用配置案例

为了提高企业网络的可靠性,通常网络工程师会在交换机之间部署冗余链路，但是冗余链路的出现会导致网络成环，引起广播风暴和 MAC 地址表震荡的问题。为了解决二层环路带来的问题，并实现链路备份，可以使用 RSTP。RSTP 在原有 STP 有效防止二层环路的基础上，增加了快速收敛的机制。该技术通常使用在交换机上。

RSTP 应用配置
案例

例如，在如图 2-5 所示的 RSTP 配置拓扑中，模仿了企业网络的接入层，三台交换机之间产生了环路。

华为交换机默认使用的 STP 模式是 MSTP,因此配置 RSTP 前一定要先修改 STP 模式。交换机连接终端设备的接口可以配置为边缘端口。可以在有边缘端口的交换机上配置 BPDU 保护。RSTP 的保护机制除了 BPDU 保护之外，还有根保护和环路保护。

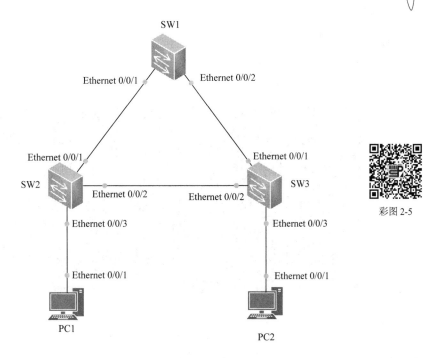

彩图 2-5

图 2-5 RSTP 配置拓扑

1 数据配置

1）修改 SW1、SW2、SW3 的设备名称，再将 STP 模式修改为 RSTP。此处以 SW1 为例，SW2、SW3 与之相似。

```
<Huawei>sys
[Huawei]sysname LSW1
[SW1]stp mode rstp                          //修改 STP 模式为 RSTP
```

2）将 SW1 的系统优先级改为 4096，并设置为根桥。

```
[SW1]stp priority 4096                       //修改 stp 系统优先级为 4096
[SW1]stp root primary                        //将 SW1 设置为根桥
```

3）将 SW2 和 SW3 连接 PC 机的端口设置为边缘端口。

```
[SW2]interface Ethernet0/0/3
[SW2-Ethernet0/0/3]stp edged-port enable     //将 Ethernet0/0/3 配置为
边缘端口

[SW3]interface Ethernet0/0/3
[SW3-Ethernet0/0/3]stp edged-port enable
```

4）在 SW2 和 SW3 上配置 BPDU 保护，如果边缘端口收到 BPDU 报文，边缘端口会被立即关闭，并通知网关系统。

```
[SW2]stp bpdu-protection
[SW3]stp bpdu-protection
```

2 配置验证

1）验证 SW1、SW2 和 SW3 的 STP 模式，在交换机系统模式下使用 display stp 命令查看（以下以 SW1 为例，SW2 和 SW3 相似），SW1 验证如图 2-6 所示。

```
<LSW1>dis stp
-------[CIST Global Info][Mode RSTP]-------
CIST Bridge          :0      .4c1f-ccf3-1219
Config Times         :Hello 2s MaxAge 20s FwDly 15s MaxHop 20
Active Times         :Hello 2s MaxAge 20s FwDly 15s MaxHop 20
CIST Root/ERPC       :0      .4c1f-ccf3-1219 / 0
CIST RegRoot/IRPC    :0      .4c1f-ccf3-1219 / 0
CIST RootPortId      :0.0
BPDU-Protection      :Disabled
CIST Root Type       :Primary root
TC or TCN received   :45
TC count per hello   :0
STP Converge Mode    :Normal
Time since last TC   :0 days 0h:2m:56s
Number of TC         :21
Last TC occurred     :Ethernet0/0/2
```

图 2-6　SW1 验证

2）使用 dis stp brief 命令查看 SW1、SW2 和 SW3 的端口角色和端口状态（注意：SW1 的两个端口一定是指定端口，SW2 和 SW3 的 Ethernet 0/0/3 端口角色是指定端口，并配有 BPDU 保护）。端口验证结果如图 2-7 所示。

```
[LSW1]dis stp brief
MSTID  Port              Role   STP State   Protection
  0    Ethernet0/0/1     DESI   FORWARDING   NONE
  0    Ethernet0/0/2     DESI   FORWARDING   NONE
[LSW2]dis stp brief
MSTID  Port              Role   STP State   Protection
  0    Ethernet0/0/1     ROOT   FORWARDING   NONE
  0    Ethernet0/0/2     ALTE   DISCARDING   NONE
  0    Ethernet0/0/3     DESI   FORWARDING   BPDU
[LSW3]dis stp brief
MSTID  Port              Role   STP State   Protection
  0    Ethernet0/0/1     ROOT   FORWARDING   NONE
  0    Ethernet0/0/2     DESI   FORWARDING   NONE
  0    Ethernet0/0/3     DESI   FORWARDING   BPDU
```

图 2-7　端口验证结果

3 故障排错

故障排错思路如下：

1）首先查看交换机 STP 的模式是否为 RSTP。

2）如果 SW1 的端口角色有问题，在交换机系统视图下使用 dis cu 命令查看 SW1 的系统优先级是否为 4096，是否输入 stp root primary。

3）查看边缘端口配置可以在 SW2 和 SW3 的 Ethernet 0/0/3 口接口模式下使用 display this 命令。

2.1.4　MSTP 应用配置案例

MSTP 兼容 STP 和 RSTP，既可以快速收敛，又提供了数据转发的各个冗余路径，在数据转发过程中实现 VLAN 数据的负载均衡。

MSTP 应用配置案例

多生成树（multiple spanning tree，MST）域由交换网络中的多台交换设备以及它们之间的网段构成。同一个 MST 域的设备具有下列特点：都启动了 MSTP；具有相同的域名；具有相同的 VLAN 到生成树实例映射配置；具有相同的 MSTP 修订级别配置。

一个 MST 域内可以生成多棵生成树，每棵生成树都称为一个 MSTI（MST instance），每个 MSTI 都使用单独的 RSTP 算法，计算单独的生成树。每个 MSTI 都有一个标识（MSTID），MSTID 是一个两字节的整数。VRP 平台支持 16 个 MST，MSTID 的取值范围为 0～15，默认所有 VLAN 映射到 MST0。VLAN 映射表是 MST 域的属性，它描述了 VLAN 和 MSTI 之间的映射关系，MSTI 可以与一个或多个 VLAN 对应，但一个 VLAN 只能与一个 MSTI 对应。

一般配置 MSTP 的思路是配置 MSTP 域并创建多实例，实现流量的负载分担。在 MST 域内，配置各实例的根桥与备份根桥。修改各实例中某端口的路径开销值，实现将该端口阻塞。与终端设备相连的端口配置成为边缘端口，加快收敛。

在如图 2-8 所示的 MSTP 多生成树协议实验拓扑中实现以下配置：域名为 Huawei，实例为 MSTI1 和 MSTI2，实例 MSTI1 的根桥为 SWA，备份根桥为 SWB；实例 MSTI2 的根桥为 SWB，备份根桥为 SWA。PC1 所属 VLAN 为 10，PC2 所属 VLAN 为 20。

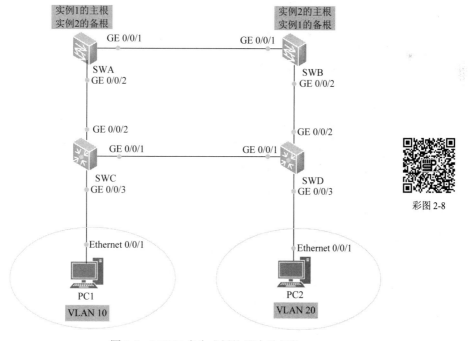

彩图 2-8

图 2-8　MSTP 多生成树协议实验拓扑

1 数据配置

SWA 的数据配置如下：

```
vlan batch 1 to 20
stp enable
stp instance 1 root primary
stp instance 2 root secondary
stp region-configuration
 region-name Huawei
 instance 1 vlan 1 to 10
 instance 2 vlan 11 to 20
 active region-configuration
interface GigabitEthernet0/0/1
 port link-type trunk
 port trunk allow-pass vlan 1 to 20
interface GigabitEthernet0/0/2
 port link-type trunk
 port trunk allow-pass vlan 1 to 20
```

SWB 的数据配置如下：

```
vlan batch 1 to 20
stp enable
stp instance 1 root secondary
stp instance 2 root primary
stp region-configuration
 region-name Huawei
 instance 1 vlan 1 to 10
 instance 2 vlan 11 to 20
 active region-configuration
interface GigabitEthernet0/0/1
 port link-type trunk
 port trunk allow-pass vlan 1 to 20
interface GigabitEthernet0/0/2
 port link-type trunk
 port trunk allow-pass vlan 1 to 20
```

SWC 的数据配置如下：

```
vlan batch 1 to 20
stp enable
stp region-configuration
 region-name Huawei
 instance 1 vlan 1 to 10
 instance 2 vlan 11 to 20
 active region-configuration
```

```
interface GigabitEthernet0/0/1
 port link-type trunk
 port trunk allow-pass vlan 1 to 20
interface GigabitEthernet0/0/2
 port link-type trunk
 port trunk allow-pass vlan 1 to 20
interface GigabitEthernet0/0/3
 port link-type access
 port default vlan 10
```

SWD 的数据配置如下：

```
vlan batch 1 to 20
stp enable
stp region-configuration
 region-name Huawei
 instance 1 vlan 1 to 10
 instance 2 vlan 11 to 20
 active region-configuration
interface GigabitEthernet0/0/1
 port link-type trunk
 port trunk allow-pass vlan 1 to 20
interface GigabitEthernet0/0/2
 port link-type trunk
 port trunk allow-pass vlan 1 to 20
interface GigabitEthernet0/0/3
 port link-type access
 port default vlan 20
```

2　配置验证

完成上述数据配置后，可通过 display stp brief 命令进行验证。各交换机验证结果如图 2-9 所示。

```
[SWA]display stp brief
MSTID  Port                       Role   STP State    Protection
  0    GigabitEthernet0/0/1       ROOT   FORWARDING   NONE
  0    GigabitEthernet0/0/2       DESI   FORWARDING   NONE
  1    GigabitEthernet0/0/1       DESI   FORWARDING   NONE
  1    GigabitEthernet0/0/1       DESI   FORWARDING   NONE
  2    GigabitEthernet0/0/1       ROOT   FORWARDING   NONE
  2    GigabitEthernet0/0/2       DESI   FORWARDING   NONE
[SWB]display stp brief
MSTID  Port                       Role   STP State    Protection
  0    GigabitEthernet0/0/1       DESI   FORWARDING   NONE
  0    GigabitEthernet0/0/2       DESI   FORWARDING   NONE
  1    GigabitEthernet0/0/1       ROOT   FORWARDING   NONE
  1    GigabitEthernet0/0/2       DESI   FORWARDING   NONE
  2    GigabitEthernet0/0/1       DESI   FORWARDING   NONE
  2    GigabitEthernet0/0/2       DESI   FORWARDING   NONE
```

图 2-9　各交换机验证结果

```
[SWC]display stp brief
MSTID  Port                  Role  STP State   Protection
  0    GigabitEthernet0/0/1  ROOT  FORWARDING  NONE
  0    GigabitEthernet0/0/2  ALTE  DISCARDING  NONE
  0    GigabitEthernet0/0/3  DESI  FORWARDING  NONE
  1    GigabitEthernet0/0/1  DESI  FORWARDING  NONE
  1    GigabitEthernet0/0/2  ROOT  FORWARDING  NONE
  1    GigabitEthernet0/0/3  DESI  FORWARDING  NONE
  2    GigabitEthernet0/0/1  DESI  FORWARDING  NONE
  2    GigabitEthernet0/0/2  ROOT  FORWARDING  NONE
[SWD]display stp brief
MSTID  Port                  Role  STP State   Protection
  0    GigabitEthernet0/0/1  DESI  FORWARDING  NONE
  0    GigabitEthernet0/0/2  ROOT  FORWARDING  NONE
  0    GigabitEthernet0/0/3  DESI  FORWARDING  NONE
  1    GigabitEthernet0/0/1  ALTE  DISCARDING  NONE
  1    GigabitEthernet0/0/2  ROOT  FORWARDING  NONE
  2    GigabitEthernet0/0/1  DESI  LEARNING    NONE
  2    GigabitEthernet0/0/2  ROOT  FORWARDING  NONE
  2    GigabitEthernet0/0/3  DESI  DISCARDING  NONE
```

图 2-9（续）

3 故障排错

故障排错思路如下：

1）运行了 MSTP 的每一台设备上的域名是否配置一致。

2）是否在全局视图下按要求配置相应的 VLAN。

3）是否允许相应的 VLAN 通过。

4）是否使用 active region-configuration 命令来激活 MST 域配置。

2.1.5 Smart Link 技术应用配置案例

Smart Link 又称为备份链路，是一种针对双上行组网的解决方案，实现了高效可靠的链路冗余备份和故障后的快速收敛。Smart Link 能够实现在双上行组网的两条链路正常情况下，一条处于转发状态，而另一条处于阻塞待命状态，从而可避免环路的不利影响。当主链路发生故障后，流量会在毫秒级的时间里迅速切换到备用链路上，极大限度地保证了数据的正

Smart Link 技术
应用配置案例

常转发。Smart Link 通过两个端口相互配合工作来实现功能。这样的一对端口组成一个 Smart Link 组。为了区别一个 Smart Link 组中的两个端口，通常将其中一个叫作主端口，另一个叫作从端口。同时，可以利用 Flush 报文、Smart Link 实例和控制 VLAN 等机制，以更好地实现 Smart Link 的功能。

Monitor Link 是对 Smart Link 技术的有力补充，Monitor Link 用于监控上行链路，以达到让下行链路同步上行链路的目的，使 Smart Link 的备份作用更加完善。

当完成了 Smart Link 组的创建并将接口加入到组中后，只有使能 Smart Link 组，Smart Link 组才能生效。smart-link enable 命令用来使能设备的 Smart Link 组功能。Smart Link 组的成员端口不能启用 STP 功能，如果端口已经开启了 STP 功能，则不允许指定该端口或者该端口所在的端口汇聚组作为 Smart Link 组的成员。smart-link group group-id 命令用来创建 Smart Link 组并进入组视图，如果该 Smart Link 组已经存在，则直接进

入组视图。timer wtr 命令用来设置 Smart Link 组回切时间。undo timer wtr 命令用来将 Smart Link 组回切时间恢复为默认值。默认情况下，Smart Link 组回切时间为 60s。

例如，在如图 2-10 所示的 Smart Link 配置拓扑中创建 Smart Link 组，组 id 为 1，其中 SW2 和 SW4 之间的链路配置为主用链路，SW3 和 SW4 之间的链路配置为备份链路，Smart Link 组回切时间为 30s。

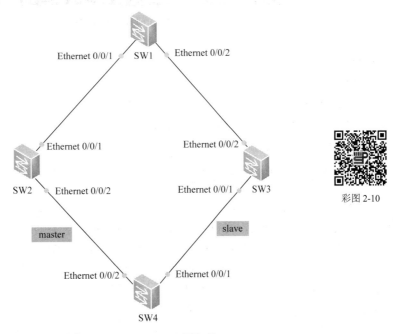

彩图 2-10

图 2-10　Smart Link 配置拓扑

1　数据配置

```
interface Ethernet0/0/1
 stp disable
interface Ethernet0/0/2
 stp disable
smart-link group 1
restore enable
smart-link enable
port Ethernet0/0/2 master
port Ethernet0/0/1 slave
timer wtr 30
```

2　配置验证

上述配置数据完成后，可通过 display smart-link group 命令进行验证。Smart Link 配置验证如图 2-11 所示。

```
[SW4]display smart-link group 1
Smart Link group 1 information :
  Smart Link group was enabled
  Wtr-time is: 30 sec.
  There is no Load-Balance
  There is no protected-vlan reference-instance
  DeviceID: 4c1f-cc2a-560a
  Member            Role    State    Flush Count Last-Flush-Time
  --------------------------------------------------------------
  Ethernet0/0/2     Master  Active   0           0000/00/00 00:00:00 UTC+00
:00
  Ethernet0/0/1     Slave   Inactive 0           0000/00/00 00:00:00 UTC+00
:00
```

图 2-11　Smart Link 配置验证

3　故障排错

故障排错思路如下：

1）Smart Link 组的成员口是否关闭了 STP 功能。

2）是否开启 Smart Link 组回切功能实现抢占。

3）主设备接口是否配置相反。

2.1.6　VLAN 技术应用配置案例

VLAN 是将一个物理的局域网在逻辑上划分成多个广播域的技术。通过在交换机上配置 VLAN，可以实现对同一个 VLAN 内的用户进行二层互访，而不同 VLAN 间的用户被二层隔离。这样既能够隔离广播域，又能够提升网络的安全性。VLAN 通常部署在企业网络的接入层。网络工程师通常会将企业中需要使用不同数据转发控制策略的部门划分到不同的 VLAN 中，从而进行二层数据访问隔离。

VLAN 技术应用
配置案例

配置交换机时，VLAN 配置必不可少，因此一定要清楚每台交换机需要创建哪些 VLAN。若出现端口误配的情况，需要删除该端口下除了端口类型修改配置以外的所有其他配置，然后再进行端口类型的修改。端口类型修改命令可被覆盖。

VLAN 1 默认存在在 Trunk 端口允许列表中，若不想让 VLAN 1 通过，则需要进行 undo 操作。

例如，在如图 2-12 所示的 VLAN 实验拓扑中，使用 PC 机模拟企业不同部门，将

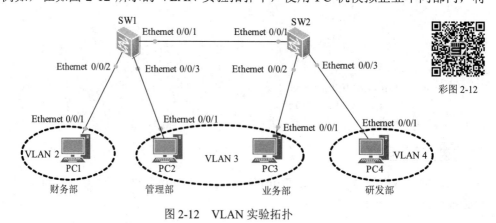

彩图 2-12

图 2-12　VLAN 实验拓扑

财务部划入 VLAN 2，将管理部和业务部划入 VLAN 3，将研发部划入 VLAN 4，并且所有 PC 处于同一网段地址（如 192.168.1.0/24），最终使得相同 VLAN 的主机可以互通，不同 VLAN 的主机不能互通。

1　数据配置

利用华为 eNSP 进行数据配置，具体如下：

1）在各个 PC 机上进行 IP 地址和子网掩码的配置，使四台主机都处在 192.168.1.0/24 网段中。此处以 PC1 为例，配置的 IP 地址为 192.168.1.1/24，其他 PC 的配置界面与 PC1 相似，PC2 的 IP 地址为 192.168.1.2/24，PC3 的 IP 地址为 192.168.1.3/24，PC4 的 IP 地址为 192.168.1.4/24。PC 机的 IP 地址配置如图 2-13 所示。

图 2-13　PC 机的 IP 地址配置

2）在 SW1 上创建 VLAN 2 和 VLAN 3，并将连接用户的接口分别加入 VLAN。

```
[SW1] vlan batch 2 3          //批量创建 VLAN 命令，创建 VLAN 2 和 VLAN 3
[SW1] interface ethernet 0/0/2
[SW1-Ethernet0/0/2] port link-type access    //设置端口类型为 Access
[SW1-Ethernet0/0/2] port default vlan 2  //设置 Access 端口的默认 VLAN
[SW1-Ethernet0/0/2] quit
[SW1] interface ethernet 0/0/3
[SW1-Ethernet0/0/3] port link-type access
[SW1-Ethernet0/0/3] port default vlan 3
[SW1-Ethernet0/0/3] quit
```

3）在 SW2 上创建 VLAN 3 和 VLAN 4，并将连接用户的接口分别加入 VLAN。

```
[SW2] vlan batch 3 4
[SW2] interface ethernet 0/0/2
```

```
[SW2-Ethernet0/0/2] port link-type access
[SW2-Ethernet0/0/2] port default vlan 3
[SW2-Ethernet0/0/2] quit
[SW2] interface ethernet 0/0/3
[SW2-Ethernet0/0/3] port link-type access
[SW2-Ethernet0/0/3] port default vlan 4
[SW2-Ethernet0/0/3] quit
```

4）配置 SW1 与 SW2 上连接的接口类型及通过的 VLAN。SW2 的配置与 SW1 类似，这里不再赘述。

```
[SW1] interface ethernet 0/0/1
[SW1-Ethernet0/0/1] port link-type trunk              //修改端口类型为
Trunk
[SW1-Ethernet0/0/1] port trunk allow-pass vlan 3 //设置允许通过 VLAN
```

2 配置验证

使用 ping 命令验证。

1）检测 PC1 与 PC2 之间的连通性。PC1 与 PC2 之间的连通性验证如图 2-14 所示。

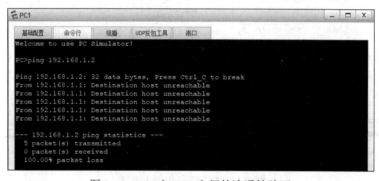

图 2-14　PC1 与 PC2 之间的连通性验证

2）检测 PC2 与 PC3 之间的连通性。PC2 与 PC3 之间的连通性验证如图 2-15 所示。

图 2-15　PC2 与 PC3 之间的连通性验证

3）检测 PC2 与 PC4 之间的连通性。PC2 与 PC4 之间的连通性验证如图 2-16 所示。

图 2-16　PC2 与 PC4 之间的连通性验证

3　故障排错

故障排错思路如下：

1）检查 PC 的 IP 地址信息是否配错，是否误加网关地址。

2）在交换机上创建完 VLAN 后，可以在系统视图下使用 display this 命令查看 VLAN 是否创建成功。

3）进入交换机接口，查看接口配置是否出错，使用 display this 命令重点查看接口类型、PVID 和允许通过 VLAN 列表。

4）在交换机系统模式下使用 dis cu 命令查看交换机上的所有配置。

2.1.7　FR 技术应用配置案例

FR（帧中继）是一种数据包交换通信网络，一般用在 OSI 参考模型中的数据链路层。

FR 是在用户-网络接口之间提供用户信息流双向传送，并保持信息顺序不变的一种承载业务。帧中继网络由帧中继节点机和传输链路构成，帧中继工作在 OSI 参考模型的物理层和数据链路层，提供两个或多个用户终端之间的连接与通信。帧中继用于语音、数据通信以及局域网（LAN）和广域网（WAN）的通信。

FR 技术应用配置案例

每个帧中继用户可得到一个接到帧中继节点的专线。对于端用户来说，帧中继网络通过一条经常改变且对用户不可见的信道来处理与其他用户之间的数据传输。

帧中继网络具有以下特点：

1）采用公共信道信令。承载呼叫控制信令的逻辑连接和用户数据是分开的。例如，ANSI T1.603 和 ITU-T 附件 A 都以 DLCI=0 作为信令信道。逻辑连接的复用和交换发生在第二层，从而减少了处理的层次。

2）硬件转发，超速传送。DLCI 是一种标签，短小定长，便于硬件高速转发。

3）大帧传送，适应突发。FR 的帧长度远比 x.25 分组长度大，使用大帧传送、帧长可变，交换单元（帧）的信息长度比分组交换长，达到 1024～4096 字节，预约帧长度至少达到 1600 字节，适合于封装局域网的数据单元，适合传送突发业务（如压缩视频业务、WWW 业务等）。

4）简化机制。帧中继精简了 x.25 协议，取消了第二层的流量控制和差错控制，仅由端到端的高层协议实现。将用户–网络接口以及网络内部处理的功能大大简化，从而得到了低延迟和高吞吐率的性能。

FR 技术应用案例如下。

1 实验需求

R1、R4、R5 之间使用 FR 进行互联，是 Hub-Spoke 模式，其中 R1 在 Hub 端，R4、R5 在 Spoke 端，所有 FR 接口不能使用子接口，并且需要关闭自动 Inverse ARP 功能。

通过 eNSP 构建的 FR 实验拓扑如图 2-17 所示。

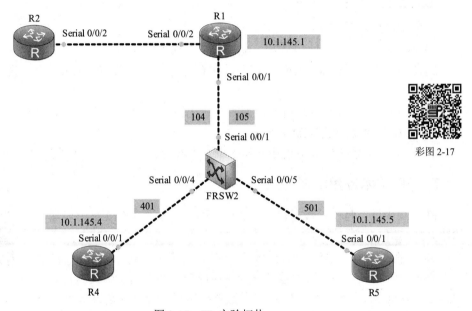

彩图 2-17

图 2-17　FR 实验拓扑

2 数据配置

R1 的数据配置如下：

```
interface serial 0/0/1
link-protocol fr
undo fr inarp
fr map ip 10.1.145.4 104 broadcast
fr map ip 10.1.145.5 105 broadcast
ip address 10.1.145.1 255.255.255.0
quit
```

R4 的数据配置如下：

```
interface serial 0/0/1
```

```
link-protocol fr
undo fr inarp
fr map ip 10.1.145.1 401 broadcast
fr map ip 10.1.145.5 401 broadcast
ip address 10.1.145.4 255.255.255.0
quit
```

R5 的数据配置如下：

```
interface serial 0/0/1
link-protocol fr
undo fr inarp
fr map ip 10.1.145.1 501 broadcast
fr map ip 10.1.145.4 501 broadcast
ip address 10.1.145.5 255.255.255.0
quit
```

FRSW2 帧中继交换机数据配置如图 2-18 所示。

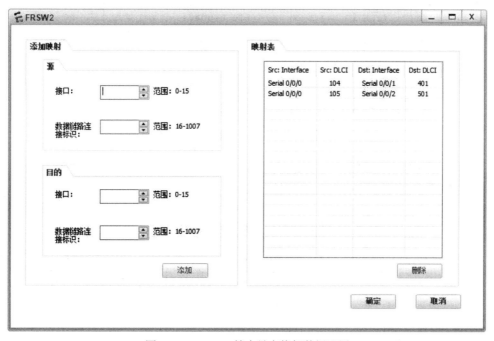

图 2-18　FRSW2 帧中继交换机数据配置

3　实验验证

R1 的配置验证如下：

1）通过 ping 10.1.145.4 命令来验证 R1 和 R4 的连通性。R1 和 R4 连通性验证如图 2-19 所示。

```
<R1>ping 10.1.145.4
  PING 10.1.145.4: 56   data bytes, press CTRL_C to break
    Reply from 10.1.145.4: bytes=56 Sequence=1 ttl=255 time=30 ms
    Reply from 10.1.145.4: bytes=56 Sequence=2 ttl=255 time=40 ms
    Reply from 10.1.145.4: bytes=56 Sequence=3 ttl=255 time=20 ms
    Reply from 10.1.145.4: bytes=56 Sequence=4 ttl=255 time=50 ms
    Reply from 10.1.145.4: bytes=56 Sequence=5 ttl=255 time=30 ms

  --- 10.1.145.4 ping statistics ---
    5 packet(s) transmitted
    5 packet(s) received
    0.00% packet loss
    round-trip min/avg/max = 20/34/50 ms
```

图 2-19　R1 和 R4 连通性验证

2）通过 ping 10.1.145.5 命令来验证 R1 和 R5 的连通性。R1 和 R5 连通性验证如图 2-20 所示。

```
<R1>ping 10.1.145.5
  PING 10.1.145.5: 56   data bytes, press CTRL_C to break
    Reply from 10.1.145.5: bytes=56 Sequence=1 ttl=255 time=50 ms
    Reply from 10.1.145.5: bytes=56 Sequence=2 ttl=255 time=20 ms
    Reply from 10.1.145.5: bytes=56 Sequence=3 ttl=255 time=20 ms
    Reply from 10.1.145.5: bytes=56 Sequence=4 ttl=255 time=20 ms
    Reply from 10.1.145.5: bytes=56 Sequence=5 ttl=255 time=10 ms

  --- 10.1.145.5 ping statistics ---
    5 packet(s) transmitted
    5 packet(s) received
    0.00% packet loss
    round-trip min/avg/max = 10/24/50 ms
```

图 2-20　R1 和 R5 连通性验证

R4 的配置验证如下：通过 ping 10.1.145.5 命令来验证 R4 和 R5 的连通性。R4 和 R5 连通性验证如图 2-21 所示。

```
<R4>ping 10.1.145.5
  PING 10.1.145.5: 56   data bytes, press CTRL_C to break
    Reply from 10.1.145.5: bytes=56 Sequence=1 ttl=254 time=50 ms
    Reply from 10.1.145.5: bytes=56 Sequence=2 ttl=254 time=50 ms
    Reply from 10.1.145.5: bytes=56 Sequence=3 ttl=254 time=60 ms
    Reply from 10.1.145.5: bytes=56 Sequence=4 ttl=254 time=40 ms
    Reply from 10.1.145.5: bytes=56 Sequence=5 ttl=254 time=50 ms

  --- 10.1.145.5 ping statistics ---
    5 packet(s) transmitted
    5 packet(s) received
    0.00% packet loss
    round-trip min/avg/max = 40/50/60 ms
```

图 2-21　R4 和 R5 连通性验证

R5 的配置验证如下：通过 ping 10.1.145.4 命令来验证 R5 和 R4 的连通性。R5 配置验证与 R4 配置验证相同，此处不做详述。

2.2

三层路由技术应用场景

路由器作用是实现异构网络的互联，路由器通过维护路由表工作，路由分为内部网关协议（interior gateway protocol，IGP）和外部网关协议（exterior gateway protocol，EGP）。其中，IGP 的具体协议有 RIP（routing information protocol，路由信息协议）和 OSPF 等，EGP 使用最多的是 BGP（border gateway protocol，边界网关协议）。本单元讲解使用路由器的内部网关协议实现异构网络互联。

2.2.1　直连路由配置案例

与设备相连网段所产生的路由即为直连路由，直连路由是由链路层协议发现的，一般指去往路由器的接口地址所在网段的路径，该路径信息不需要网络管理员维护，也不需要路由器通过某种算法进行计算获得，只要该接口处于活动状态，路由器就会把通向该网段的路由信息填写到路由表中。直连路由无法使路由器获取与其不直接相连的路由信息，直连地址之间可以互访。设备产生直连路由需要同时满足端口有适配地址且端口为打开状态两个条件。

直连路由配置案例

例如，在直连路由实验中，要求在路由器上配置接口 IP 地址，观察路由器的 IP 路由表，使得 PC 之间能互通。直连路由实验拓扑如图 2-22 所示。

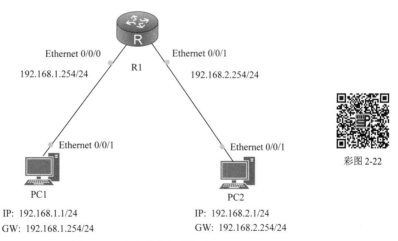

彩图 2-22

图 2-22　直连路由实验拓扑

1　数据配置

R1 的数据配置如下：

```
[R1]interface Ethernet 0/0/0
[R1-Ethernet0/0/0]ip address 192.168.1.1 24
[R1]interface  Ethernet 0/0/1
[R1-Ethernet0/0/1]ip address 192.168.2.254 24
```

PC1 的数据配置如图 2-23 所示。

图 2-23　PC1 的数据配置

PC2 的数据配置如图 2-24 所示。

图 2-24　PC2 的数据配置

<u>2</u>　配置验证

R1 上不做任何接口 IP 地址配置时，在 R1 上通过 display ip routing-table 命令查看 R1

的路由表。可以看到,R1 的路由表中除了两条用于测试环回的地址外,没有任何 IP 地址。

```
[R1]display  ip routing-table
Route Flags: R - relay, D - download to fib
----------------------------------------------------------
Routing Tables: Public
        Destinations : 2        Routes : 2
Destination/Mask    Proto   Pre  Cost    Flags NextHop       Interface
      127.0.0.0/8   Direct  0    0       D     127.0.0.1     InLoopBack0
      127.0.0.1/32  Direct  0    0       D     127.0.0.1     InLoopBack0
```

在 R1 上配置了接口 IP 地址时,在 R1 上通过 display ip routing-table 命令可以查看 R1 的路由表。可以看到,R1 的路由表中除了两条用于测试环回的地址外,多了四条路由。这四条路由中两条是路由器接口 IP 地址,另外两条是路由器接口 IP 地址所在网段,都是该 R1 的直连路由。

```
[R1]display  ip routing-table
Route Flags: R - relay, D - download to fib
----------------------------------------------------------
Routing Tables: Public
        Destinations : 6        Routes : 6
Destination/Mask    Proto   Pre  Cost   Flags NextHop        Interface
      127.0.0.0/8   Direct  0    0      D     127.0.0.1      InLoopBack0
      127.0.0.1/32  Direct  0    0      D     127.0.0.1      InLoopBack0
    192.168.1.0/24  Direct  0    0      D     192.168.1.1    Ethernet0/0/0
    192.168.1.1/32  Direct  0    0      D     127.0.0.1      Ethernet0/0/0
    192.168.2.0/24  Direct  0    0      D     192.168.2.254  Ethernet0/0/1
  192.168.2.254/32  Direct  0    0      D     127.0.0.1      Ethernet0/0/1
```

由上述实验可以看出,Protocol 为 Direct 的路由即为直连路由。当路由器接口配置了 IP 地址并激活后,该直连路由便被写入路由表。直连网络就是直接连接到路由器某一个接口的网络。

3　故障排错

若出现 IP 路由表中没有路由的情况,排错步骤如下:

1)查看路由器的路由是否正确配置,可以通过 display ip interface brief 命令查看。

2)如果查看没有配置,则说明 IP 地址没有成功配置,只需重新进入,再正确配置 IP 地址即可。

2.2.2　静态路由配置案例

静态路由是一种需要管理员手工配置的特殊路由。当网络结构比较简单时,只需配置静态路由就可以使网络正常工作。使用静态路由可以改进网络的性能,并可为重要的应用保证带宽。静态路由一般适用于结构简单的网络。在复杂的网络环境中,一般会使用动态路由协议来生成动态路由。不过,即使是在复杂的网络环境中,合理配置一些静态路由也可以改进网络

静态路由配置案例

的性能。静态路由的缺点是当网络发生故障或者拓扑发生变化后，静态路由不会自动改变，必须有管理员的介入。

　　例如，静态路由配置拓扑如图 2-25 所示，要求在路由器间配置静态路由，使 PC1 与 PC2 之间可以互相访问。

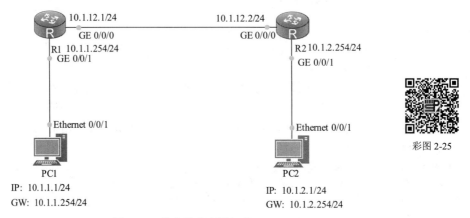

彩图 2-25

图 2-25　静态路由配置拓扑

1　数据配置

R1 的数据配置如下：

```
#
ip route-static 10.1.2.0 255.255.255.0 10.1.12.2
```

R2 的数据配置如下：

```
#
ip route-static 10.1.1.0 255.255.255.0 10.1.12.1
```

PC1 的数据配置如图 2-26 所示。

图 2-26　PC1 的数据配置

PC2 的数据配置如图 2-27 所示。

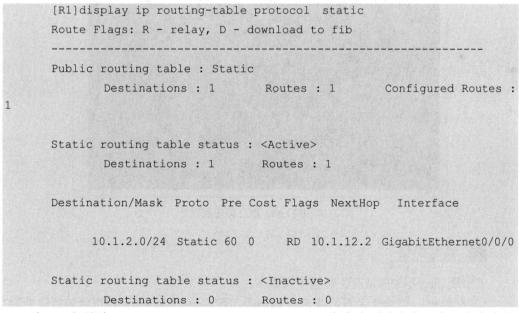

图 2-27　PC2 的数据配置

2　配置验证

在 R1 上通过 display ip routing-table protocol static 命令查看路由表，发现存在去往 10.1.2.0/24 网段的静态路由。

```
[R1]display ip routing-table protocol  static
Route Flags: R - relay, D - download to fib
------------------------------------------------------------
Public routing table : Static
        Destinations : 1        Routes : 1        Configured Routes :
1

Static routing table status : <Active>
        Destinations : 1        Routes : 1

Destination/Mask  Proto  Pre Cost Flags  NextHop   Interface

    10.1.2.0/24  Static 60  0      RD  10.1.12.2 GigabitEthernet0/0/0

Static routing table status : <Inactive>
        Destinations : 0        Routes : 0
```

在 R2 上通过 display ip routing-table protocol static 命令查看路由表，发现存在去往 10.1.1.0/24 网段的静态路由。

```
[R2]display ip routing-table protocol static
Route Flags: R - relay, D - download to fib
------------------------------------------------------------------
Public routing table : Static
        Destinations : 1        Routes : 1        Configured Routes : 1

Static routing table status : <Active>
        Destinations : 1        Routes : 1


Destination/Mask  Proto  Pre Cost Flags NextHop        Interface

      10.1.1.0/24 Static 60   0      RD   10.1.12.1 GigabitEthernet0/0/0

Static routing table status : <Inactive>
        Destinations : 0        Routes : 0
```

在 PC1 上使用 ping 命令测 PC2 是否可达。PC1 ping PC2 可达测试结果如图 2-28 所示。

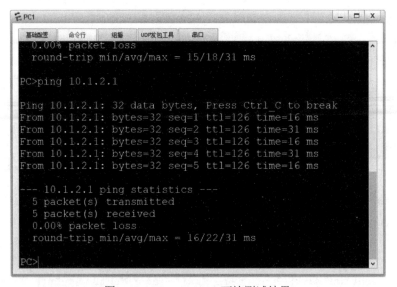

图 2-28　PC1 ping PC2 可达测试结果

3　故障排错

若出现 ping 不通的情况，排错步骤如下：

1）查看 PC1 和 PC2 是否可以 ping 通网关，若 ping 不通网关，则可能的故障为 PC 的配置错误或路由器连接 PC 接口的 IP 地址配置错误。可通过排查 PC 的 IP 地址、掩码、网关配置以及通过在路由器上输入 display ip interface brief 命令查看路由器接口 IP

地址进行排错。

2）若 PC 都能 ping 通网关，则通过 display ip routing-table protocol –static 命令查看路由器是否有对端 PC 的 IP 地址所在网段，若出现的现象和验证现象不一致，则可能的故障为静态路由器配置错误。可通过 display current-configuration 命令查看路由器所配置静态路由与所给命令是否一致，若不一致，则在全局视图下，通过 undo（所要删除的命令）删除原错误静态路由，重新配置正确的静态路由即可。

2.2.3　默认路由配置案例

默认路由也叫缺省路由，是目的地址和掩码全为 0 的特殊路由。当路由表中没有与报文目的地址匹配的表项时，设备可以选择默认路由作为报文的转发路径。在路由表中，默认路由的目的网络地址为 0.0.0.0，掩码也为 0.0.0.0。

默认路由配置
案例

例如，在路由器之间配置默认路由，使得 PC1 与 PC2 之间可以互相访问。默认路由实验拓扑如图 2-29 所示。

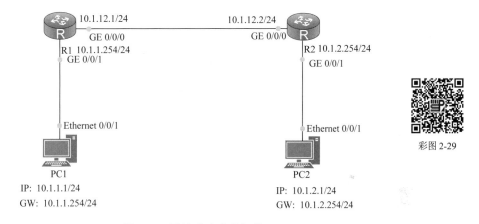

图 2-29　默认路由实验拓扑

彩图 2-29

1　数据配置

R1 的数据配置如下：

```
#
ip route-static 0.0.0.0 0.0.0.0 10.1.12.2
#
return
```

R2 的数据配置如下：

```
#
ip route-static 0.0.0.0 0.0.0.0 10.1.12.1
#
return
```

PC1 的数据配置如图 2-30 所示。

图 2-30　PC1 的数据配置

PC2 的数据配置如图 2-31 所示。

图 2-31　PC2 的数据配置

2　配置验证

在 R1 上通过 display ip routing-table protocol static 命令查看路由表，发现存在默认静态路由，下一跳指向 10.1.12.2。

```
[R1]display ip routing-table protocol static
Route Flags: R - relay, D - download to fib
------------------------------------------------------------
Public routing table : Static
        Destinations : 1        Routes : 1      Configured Routes : 1

Static routing table status : <Active>
        Destinations : 1        Routes : 1

Destination/Mask Proto Pre Cost Flags NextHop  Interface

        0.0.0.0/0 Static 60  0      RD    10.1.12.2 GigabitEthernet0/0/0

Static routing table status : <Inactive>
        Destinations : 0        Routes : 0
```

在 R2 上通过 display ip routing-table protocol static 命令查看路由表，发现存在默认静态路由，下一跳指向 10.1.12.1。

```
[R2]display ip routing-table protocol static
Route Flags: R - relay, D - download to fib
------------------------------------------------------------
Public routing table : Static
        Destinations : 1        Routes : 1      Configured Routes : 1

Static routing table status : <Active>
        Destinations : 1        Routes : 1

Destination/Mask Proto Pre Cost Flags NextHop  Interface
        0.0.0.0/0 Static 60  0      RD 10.1.12.1 GigabitEthernet0/0/0

Static routing table status : <Inactive>
        Destinations : 0        Routes : 0
```

在 PC1 上使用 ping 命令测试 PC2 是否可达。PC1 ping PC2 可达测试结果如图 2-32 所示。

```
PC1                                          _ □ X
基础配置  命令行   组播   UDP发包工具   串口
 0.00% packet loss
 round-trip min/avg/max = 15/18/31 ms

PC>ping 10.1.2.1

Ping 10.1.2.1: 32 data bytes, Press Ctrl_C to break
From 10.1.2.1: bytes=32 seq=1 ttl=126 time=16 ms
From 10.1.2.1: bytes=32 seq=2 ttl=126 time=31 ms
From 10.1.2.1: bytes=32 seq=3 ttl=126 time=16 ms
From 10.1.2.1: bytes=32 seq=4 ttl=126 time=31 ms
From 10.1.2.1: bytes=32 seq=5 ttl=126 time=16 ms

--- 10.1.2.1 ping statistics ---
 5 packet(s) transmitted
 5 packet(s) received
 0.00% packet loss
 round-trip min/avg/max = 16/22/31 ms

PC>
```

图 2-32　PC1 ping PC2 可达验证结果

由以上实验可知，两台不在同一网段的主机，即使没有在路由器上部署静态路由，通过部署默认路由，仍然能够实现通信。

当路由器接收到数据包时，会根据数据包的目的 IP 地址在 IP 路由表中查找路由，进行数据转发。若查不到，则直接丢弃。但是默认路由很特殊，0.0.0.0 可以匹配所有的 IP 地址，根据默认路由所对应的出接口和下一跳进行数据转发。

3　故障排错

故障排错思路如下：

1）查看 PC1 和 PC2 是否可以 ping 通网关，若 ping 不通网关，则可能的故障为 PC 的配置错误或路由器连接 PC 接口的 IP 地址配置错误。可通过排查 PC 的 IP 地址、掩码、网关配置并在路由器上输入 display ip interface brief 命令查看路由器接口 IP 地址进行排错。

2）若 PC 都能 ping 通网关，则通过 display ip routing-table protocol static 命令查看路由器是否有对端 PC 的 IP 地址所在网段，若出现的现象和验证现象不一致，则可能的故障为默认静态路由器配置错误。可通过 display current-configuration 命令查看路由器所配置默认静态路由和所给命令是否一致，若不一致，则在全局视图下，通过 undo 操作删除原错误静态路由，重新配置正确的静态路由即可。

2.2.4　OSPF 单域路由配置案例

OSPF 协议是 IETF 定义的一种基于链路状态的内部网关路由协议。目前针对 IPv4 协议使用的是 OSPFv2。OSPF 协议是用于在链路状态数据库的基础上通过最短路径优先（shortest path first，SPF）算法计算得到路由表的，因此 OSPF 协议的收敛速度较快。由于其特有的开放性以及良好的扩展性，目前 OSPF 协议在各种网络中广泛部署。

OSPF 单域路由配置案例

　　OSPF 协议作为链路状态路由协议，不直接传递各路由器的路由表，而传递链路状态信息，各路由器基于链路状态信息独立计算路由。所有路由器各自维护一个链路状态数据库。邻居路由器之间先同步链路状态数据库，再各自基于 SPF 算法计算最优路由，从而提高收敛速度。在度量方式上，OSPF 协议将链路带宽作为选路时的参考依据。"累计带宽"是一种要比"累积跳数"更科学的计算方式。

　　OSPF 协议单区域配置要求在路由器之间配置 OSPF，使得 PC1 与 PC2 之间可以互相访问。

　　OSPF 协议单区域配置实验拓扑如图 2-33 所示。

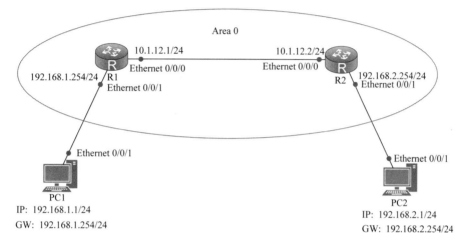

图 2-33　OSPF 协议单区域配置实验拓扑

彩图 2-33

1　数据配置

R1 的数据配置如下：

```
[R1-Ethernet0/0/0]ip address  10.1.12.1 24
[R1-Ethernet0/0/1]ip address  192.168.1.254 24
[R1]ospf 1 router-id  1.1.1.1
[R1-ospf-1]area 0
[R1-ospf-1-area-0.0.0.0]network  192.168.1.0 0.0.0.255
[R1-ospf-1-area-0.0.0.0]network  10.1.12.0 0.0.0.255
```

R2 的数据配置如下：

```
[R2-Ethernet0/0/0]ip address  10.1.12.2 24
[R2-Ethernet0/0/1]ip address  192.168.2.254 24
[R2]ospf 1 router-id  2.2.2.2
[R2-ospf-1]area 0
[R2-ospf-1-area-0.0.0.0]network  192.168.2.0 0.0.0.255
[R2-ospf-1-area-0.0.0.0]network  10.1.12.0 0.0.0.255
```

PC1 的数据配置如图 2-34 所示。

图 2-34　PC1 的数据配置

PC2 的数据配置如图 2-35 所示。

图 2-35　PC2 的数据配置

2　配置验证

1）在 R1 上通过 display ospf peer brief 命令查看 R1 和 R2 的邻居关系是否建立完成，若处于 Full 状态，则说明邻居建立成功。

```
[R1]display ospf peer brief
```

```
        OSPF Process 1 with Router ID 1.1.1.1
             Peer Statistic Information
------------------------------------------------------------
Area Id          Interface                Neighbor id    State
0.0.0.0          Ethernet0/0/0             2.2.2.2        Full
------------------------------------------------------------
```

2）在 R1 上通过 display ip routing-table protocol ospf 命令查看路由表，发现存在去往 192.168.2.0 的 OSPF 协议路由。

```
[R1]display ip routing-table protocol ospf
Route Flags: R - relay, D - download to fib
------------------------------------------------------------
Public routing table : OSPF
        Destinations : 1        Routes : 1

OSPF routing table status : <Active>
        Destinations : 1        Routes : 1

Destination/Mask   Proto  Pre  Cost   Flags  NextHop    Interface

    192.168.2.0/24  OSPF   10   2        D    10.1.12.2  Ethernet0/0/0

OSPF routing table status : <Inactive>
        Destinations : 0        Routes : 0
```

3）在 R2 上通过 display ip routing-table protocol ospf 命令查看路由表，发现存在去往 192.168.1.0 的 OSPF 协议路由。

```
[R2]display ip routing-table protocol ospf
Route Flags: R - relay, D - download to fib
------------------------------------------------------------
Public routing table : OSPF
        Destinations : 1        Routes : 1

OSPF routing table status : <Active>
        Destinations : 1        Routes : 1

Destination/Mask   Proto  Pre  Cost   Flags  NextHop    Interface

    192.168.1.0/24  OSPF   10   2        D    10.1.12.1  Ethernet0/0/0

OSPF routing table status : <Inactive>
        Destinations : 0        Routes : 0
```

4）在 PC1 上 ping PC2 的 IP 地址，可以 ping 通，说明 OSPF 协议配置完成。OSPF 协议单域配置结果验证如图 2-36 所示。

```
PC1                                                    _ □ X

 基础配置   命令行   组播    UDP发包工具   串口

 5 packet(s) transmitted
 0 packet(s) received
 100.00% packet loss

PC>ping 192.168.2.1

Ping 192.168.2.1: 32 data bytes, Press Ctrl_C to break
From 192.168.2.1: bytes=32 seq=1 ttl=126 time=93 ms
From 192.168.2.1: bytes=32 seq=2 ttl=126 time=62 ms
From 192.168.2.1: bytes=32 seq=3 ttl=126 time=79 ms
From 192.168.2.1: bytes=32 seq=4 ttl=126 time=78 ms
From 192.168.2.1: bytes=32 seq=5 ttl=126 time=62 ms

--- 192.168.2.1 ping statistics ---
 5 packet(s) transmitted
 5 packet(s) received
 0.00% packet loss
 round-trip min/avg/max = 62/74/93 ms

PC>
```

图 2-36　OSPF 协议单域配置结果验证

3　故障排错

故障排错思路如下：

1）查看 PC1 和 PC2 是否可以 ping 通网关，若 ping 不通网关，则可能的故障为 PC 的配置错误或路由器连接 PC 的接口 IP 地址配置错误。可通过排查 PC 的 IP 地址、掩码、网关配置以及通过在路由器上输入 display ip interface brief 命令查看路由器接口 IP 地址进行排错。

2）若 PC 都能 ping 通网关，则通过 display ospf peer brief 命令查看路由器之间的 OSPF 协议邻居是否正常建立。若查看处于 Full 状态，则说明建立成功；若处于其他状态，则说明没有建立成功。接下来，可以在路由器上通过 display current-configuration 命令查看 OSPF 协议的配置是否与所给配置相同，若不同，则在相应视图下通过 undo 命令删除，重新配置正确命令即可。

2.2.5　OSPF 多域路由配置案例

OSPF 协议是一种基于链路状态的路由协议，它从设计上就保证了无路由环路。OSPF 协议支持区域的划分，区域内部的路由器使用 SPF 算法保证区域内部无环路。OSPF 协议还利用区域间的连接规则保证区域之间无路由环路。OSPF 协议支持触发更新，能够快速检测并通告自治系统内的拓扑变化。

OSPF 多域路由配置案例

OSPF 协议可以解决网络扩容带来的问题。当网络上路由器越来越多，路由信息流量急剧增长时，OSPF 协议可以将每个自治系统划分为多个区域，并限制每个区域的范围。OSPF 协议这种分区域的特点，使得 OSPF 协议特别适用于大中型网络。OSPF 协议还可以同其他协议[如多协议标签切换（multi-protocol label switching，MPLS）]同时运行来支持地理覆盖很广的网络。

OSPF 协议采用划分区域的方式，将一个大网络划分为多个相互连接的小网络。每个区域内的设备只需同步所在区域内的链路状态数据库，在一定程度上降低内存及 CPU 的消耗。

划分区域后，根据路由器所连接区域的情况，可划分为以下两种路由器角色。

区域内部路由器（internal router）：该类设备的所有接口都属于同一个 OSPF 协议区域。

区域边界路由器（area border router）：该类设备接口分别连接两个及两个以上的不同区域。

区域内部路由器维护本区域内的链路状态信息并计算区域内的最优路径。

OSPF 协议多区域配置要求在路由器间配置多个区域，使得 PC1 与 PC2 之间可以互相访问。

OSPF 协议多区域配置实验拓扑如图 2-37 所示。

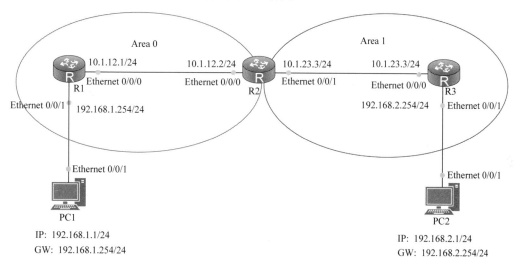

图 2-37　OSPF 协议多区域配置实验拓扑

彩图 2-37

1　数据配置

R1 的数据配置如下：

```
[R1-Ethernet0/0/0]ip address  10.1.12.1 24
[R1-Ethernet0/0/1]ip address  192.168.1.254 24
[R1]ospf 1 router-id  1.1.1.1
[R1-ospf-1]area 0
[R1-ospf-1-area-0.0.0.0]network 192.168.1.0 0.0.0.255
[R1-ospf-1-area-0.0.0.0]network  10.1.12.0 0.0.0.255
```

R2 的数据配置如下：

```
[R2-Ethernet0/0/0]ip address  10.1.12.2 24
[R2-Ethernet0/0/1]ip address  192.168.2.254 24
[R2]ospf 1 router-id  2.2.2.2
[R2-ospf-1]area 0
[R2-ospf-1-area-0.0.0.0]network 10.1.12.0 0.0.0.255
[R2-ospf-1]area 1
[R2-ospf-1-area-0.0.0.1]network 10.1.23.0 0.0.0.255
```

R3 的数据配置如下:

```
[R3]int e0/0/0
[R3-Ethernet0/0/0]ip address  10.1.23.3 0.0.0.255
[R3-Ethernet0/0/0]int e0/0/1
[R3-Ethernet0/0/1]ip address  192.168.2.254 24
[R3]ospf 1  router-id  3.3.3.3
[R3-ospf-1]area 1
[R3-ospf-1-area-0.0.0.1]network  192.168.2.0 0.0.0.255
[R3-ospf-1-area-0.0.0.1]network  10.1.23.0 0.0.0.255
```

PC1 的数据配置如图 2-38 所示。

图 2-38　PC1 的数据配置

PC2 的数据配置如图 2-39 所示。

图 2-39　PC2 的数据配置

2　配置验证

1）在 R2 上通过 display ospf peer brief 命令查看 R1、R2 和 R3 的邻居关系是否建立完成，若都处于 Full 状态，则说明邻居建立成功。

```
[R2]display ospf peer brief

        OSPF Process 1 with Router ID 2.2.2.2
            Peer Statistic Information
-----------------------------------------------------------------
Area Id            Interface                 Neighbor id    State
0.0.0.0            Ethernet0/0/0             1.1.1.1        Full
0.0.0.1            Ethernet0/0/1             3.3.3.3        Full
-----------------------------------------------------------------
```

2）在 R1 上通过 display ip routing-table protocol ospf 命令查看路由表，发现存在去往 10.1.23.0 和 192.168.2.0 的 ospf 路由。

```
[R1]display ip routing-table protocol ospf
Route Flags: R - relay, D - download to fib
-----------------------------------------------------------------
Public routing table : OSPF
        Destinations : 2        Routes : 2
OSPF routing table status : <Active>
        Destinations : 2        Routes : 2
Destination/Mask    Proto  Pre  Cost  Flags  NextHop      Interface
    10.1.23.0/24   OSPF   10   2     D    10.1.12.2    Ethernet0/0/0
    192.168.2.0/24 OSPF   10   3     D    10.1.12.2    Ethernet0/0/0

OSPF routing table status : <Inactive>
        Destinations : 0        Routes : 0
```

3）在 R2 上通过 display ip routing-table protocol ospf 命令查看路由表，发现存在去往 192.168.1.0 和 192.168.2.0 的 ospf 路由。

```
[R2]display ip routing-table protocol ospf
Route Flags: R - relay, D - download to fib
-----------------------------------------------------------------
Public routing table : OSPF
        Destinations : 2        Routes : 2

OSPF routing table status : <Active>
        Destinations : 2        Routes : 2

Destination/Mask    Proto   Pre  Cost  Flags  NextHop      Interface

    192.168.1.0/24  OSPF    10   2      D    10.1.12.1    Ethernet0/0/0
```

```
     192.168.2.0/24  OSPF   10   2      D     10.1.23.3  Ethernet0/0/1

 OSPF routing table status : <Inactive>
         Destinations : 0       Routes : 0
```

4）在 R3 上通过 display ip routing-table protocol ospf 命令查看路由表，发现存在去往 10.1.12.0 和 192.168.1.0 的 OSPF 路由。

```
[R3]display ip routing-table protocol ospf
Route Flags: R - relay, D - download to fib
------------------------------------------------------------------
Public routing table : OSPF
         Destinations : 2       Routes : 2

OSPF routing table status : <Active>
         Destinations : 2       Routes : 2

Destination/Mask     Proto   Pre  Cost   Flags NextHop      Interface

    10.1.12.0/24     OSPF    10   2        D   10.1.23.2    Ethernet0/0/0
    192.168.1.0/24   OSPF    10   3        D   10.1.23.2    Ethernet0/0/0

OSPF routing table status : <Inactive>
         Destinations : 0       Routes : 0
```

5）在 R1 上通过 display ospf lsdb 命令查看 R1 的 LSDB，发现 R1 只维护 Area 0 的 LSDB。

```
[R1]display ospf lsdb

    OSPF Process 1 with Router ID 1.1.1.1
       Link State Database

             Area: 0.0.0.0
 Type     LinkState ID     AdvRouter      Age  Len  Sequence   Metric
 Router   2.2.2.2          2.2.2.2        23   48   80000007   1
 Router   1.1.1.1          1.1.1.1        23   48   80000005   1
 Router   3.3.3.3          3.3.3.3        20   48   80000006   1
 Network  10.1.23.3        3.3.3.3        20   32   80000002   0
 Network  10.1.12.2        2.2.2.2        24   32   80000001   0
```

6）在 R3 上通过 display ospf lsdb 命令查看 R1 的 LSDB，发现 R3 只维护 Area 1 的 LSDB。

```
[R3]display ospf lsdb
   OSPF Process 1 with Router ID 3.3.3.3
      Link State Database
            Area: 0.0.0.0
```

Type	LinkState ID	AdvRouter	Age	Len	Sequence	Metric
Router	2.2.2.2	2.2.2.2	130	48	80000007	1
Router	1.1.1.1	1.1.1.1	132	48	80000005	1
Router	3.3.3.3	3.3.3.3	126	48	80000006	1
Network	10.1.23.3	3.3.3.3	126	32	80000002	0
Network	10.1.12.2	2.2.2.2	131	32	80000001	0

7）在 R2 上通过 display ospf lsdb 命令查看 R2 的 LSDB，发现 R2 既维护 Area 0 也维护 Area 1 的 LSDB。

```
[R2]display ospf lsdb
    OSPF Process 1 with Router ID 2.2.2.2
        Link State Database
            Area: 0.0.0.0
```

Type	LinkState ID	AdvRouter	Age	Len	Sequence	Metric
Router	2.2.2.2	2.2.2.2	132	36	80000009	1
Router	1.1.1.1	1.1.1.1	488	48	80000005	1
Router	3.3.3.3	3.3.3.3	483	48	80000006	1
Network	10.1.23.3	3.3.3.3	483	32	80000002	0
Network	10.1.12.2	2.2.2.2	487	32	80000001	0
Sum-Net	10.1.23.0	2.2.2.2	131	28	80000001	1

```
            Area: 0.0.0.1
```

Type	LinkState ID	AdvRouter	Age	Len	Sequence	Metric
Router	2.2.2.2	2.2.2.2	63	36	80000005	1
Router	3.3.3.3	3.3.3.3	72	36	80000003	1
Network	10.1.23.2	2.2.2.2	63	32	80000002	0
Sum-Net	10.1.12.0	2.2.2.2	131	28	80000001	1
Sum-Net	192.168.1.0	2.2.2.2	131	28	80000001	2

8）在 PC1 上 ping PC2 的 IP 地址，可以 ping 通，说明 OSPF 协议配置完成。

OSPF 协议多域配置 PC1 ping PC2 验证结果如图 2-40 所示。

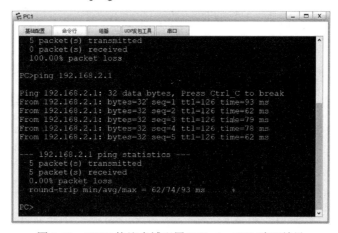

图 2-40　OSPF 协议多域配置 PC1 ping PC2 验证结果

3 故障排错

故障排错思路如下：

1）查看 PC1 和 PC2 是否可以 ping 通网关，若 ping 不通网关，则可能的故障为 PC 的配置错误或路由器连接 PC 的接口 IP 地址配置错误。可通过排查 PC 的 IP 地址、掩码、网关配置以及通过在路由器上输入 display ip interface brief 命令查看路由器接口 IP 地址进行排错。

2）若 PC 都能 ping 通网关，则通过 display ospf peer brief 命令查看 R2 的 OSPF 邻居是否正常建立。若查看处于 Full 状态，说明建立成功；若处于其他状态，说明没有建立成功。接下来，可以在路由器上通过 display current-configuration 命令查看 OSPF 协议的配置是否与所给配置相同，若不同则在相应视图下通过 undo 命令删除，重新配置正确命令即可。

2.2.6 路由引入配置

路由引入以静态路由引入 OSPF 协议配置为例，实现不同自治系统之间的访问。通常企业内部会使用 OSPF 协议使全网互通，公司访问外网时会使用静态路由。在配置单区域 OSPF 协议时，需要注意手动配置路由器的 router-id，并且使用环回口地址作为 router-id。进入区域后需要宣告的地址通常与该路由器直连，且处于该 OSPF 区域中。配置默认静态路由时，需要注意目的地址和子网掩码都是 0。进行路由引入时可以使用 default-route-advertise 命令。

路由引入配置

路由引入实验拓扑如图 2-41 所示。在该拓扑中，R3 模拟外网，R1 和 R2 模拟企业内网。R1 与 R2 之间使用 OSPF 协议，R1 和 R3 之间使用静态路由。请使用路由引入技术实现 R3 和 R2 的相互通信。

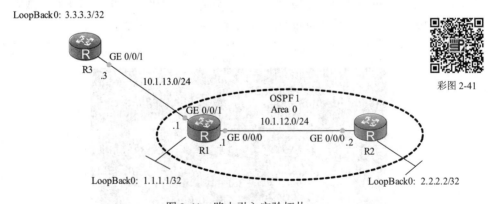

图 2-41 路由引入实验拓扑

1 数据配置

1）在路由器 GE 0/0/0 接口下配置 IP 地址（此处以 R1 为例）。

```
[Huawei]sysn R1
[R1]int g0/0/0
[R1-GidabitEthernet0/0/0]ip add 10.1.12.1 24
[R1-GidabitEthernet0/0/0]int g0/0/1
[R1-GidabitEthernet0/0/1]ip add 10.1.13.1 24
[R1-GidabitEthernet0/0/1]int LoopBack 0
[R1-LoopBack0]ip add 1.1.1.1 32
[R1-LoopBack0]quit
```

2）在 R1 上配置 OSPF 协议进程 1，手工配置 router-id，并将 10.1.12.0/24 和 1.1.1.1/32 宣告进 Area 0。

```
[R1]ospf 1 router-id 1.1.1.1
[R1-ospf-1]area 0
[R1-ospf-1-area-0.0.0.0]network 10.1.12.0 0.0.0.255
[R1-ospf-1-area-0.0.0.0]network 1.1.1.1 0.0.0.0
```

3）在 R2 上配置 OSPF 进程 1，手工配置 router-id，并将 10.1.12.0/24 和 2.2.2.2/32 宣告进 Area 0。

```
[R2]ospf 1 router-id 2.2.2.2
[R2-ospf-1]area 0
[R2-ospf-1-area-0.0.0.0]network 10.1.12.0 0.0.0.255
[R2-ospf-1-area-0.0.0.0]network 2.2.2.2 0.0.0.0
```

4）在 R1 上配置默认静态路由，下一跳指向 R3 的 GE 0/0/1 接口地址。配置该条默认静态路由可以使企业内网访问任意外网。

```
[R1]ip route-static 0.0.0.0 0 10.1.13.3
```

5）在 R3 上配置默认静态路由，下一跳指向 R1 的 GE 0/0/1 接口地址。配置该条默认静态路由可以使外网通过下一跳 10.1.13.1 访问企业内网。注意，此时配置完成后 R3 与 R2 依然无法通信，R2 上没有可以向 R3 回复的路由。

```
[R3]ip route-static 0.0.0.0 0 10.1.13.1
```

6）R1 上既存在静态路由，又存在 OSPF 协议路由，此时为了可以让 OSPF 协议区域内部的路由器也能依靠静态访问外网，此时必须要做路由引入。将 R1 上的默认静态路由引入 OSPF 协议中。在 R2 上查看路由表，表中有一条引入的默认静态路由，且下一跳为 10.1.12.1。

```
[R1]default-route-advertise
```

2　配置验证

用 R3 的环回口地址 3.3.3.3/32 去 ping R2 的环回口地址 2.2.2.2/32，可以 ping 通。R3 ping R2 验证结果如图 2-42 所示。

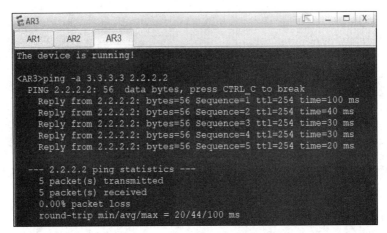

图 2-42　R3 ping R2 验证结果

3　故障排错

故障排错思路如下：

1）首先查看路由器的接口 IP 地址是否有误，可以在路由器系统视图下用 display ip int brief 命令查看。

2）IP 地址无误后，可以再检查 OSPF 协议配置是否有误，可以进入 OSPF 1 后用 display this 命令查看，重点观察宣告网段是否有错，是否误配特殊区域，路由引入是否有错。

3）最后查看静态路由，在 R1 和 R3 上使用 display cu 命令查看所有配置或使用 display ip routing-table 命令查看路由表。

2.2.7　VLAN 三层通信配置案例

VLAN 隔离了二层广播域，也严格地隔离了各个 VLAN 之间的任何二层流量，属于不同 VLAN 的用户之间不能进行二层通信。部署了 VLAN 的传统交换机不能实现不同 VLAN 之间的二层报文转发，因此必须引入路由技术来实现不同 VLAN 之间的通信。VLAN 路由可以通过二层交换机配合路由器来实现，也可以通过三层交换机来实现。

VLAN 三层通信
配置案例

解决 VLAN 之间通信问题可以在三层交换机上配置 VLANIF 接口来实现 VLAN 之间路由。如果网络上有多个 VLAN，则需要给每个 VLAN 配置一个 VLANIF 接口，并给每个 VLANIF 接口配置一个 IP 地址。用户设置的默认网关就是三层交换机中 VLANIF 接口的 IP 地址。在三层交换机上配置 VLAN 路由时，首先创建 VLAN，并将端口加入 VLAN 中。

interface vlanif vlan-id 命令用来创建 VLANIF 接口并进入 VLANIF 接口视图。vlan-id 表示与 VLANIF 接口相关联的 VLAN 编号。VLANIF 接口的 IP 地址作为主机的网关 IP 地址，与主机的 IP 地址必须位于同一网段。

VLAN 三层通信实验拓扑如图 2-43 所示。

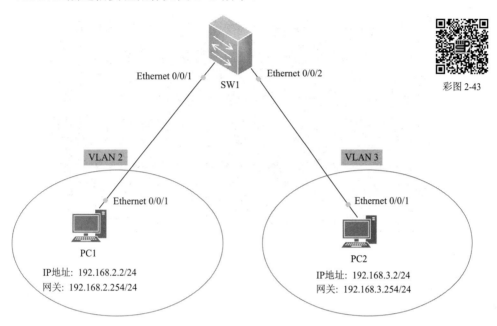

彩图 2-43

图 2-43　VLAN 三层通信实验拓扑

1 数据配置

SW1 的数据配置如下：

```
interface Vlanif2
 ip address 192.168.2.254 255.255.255.0
interface Vlanif3
 ip address 192.168.3.254 255.255.255.0
interface Ethernet0/0/1
 port link-type access
 port default vlan 2
interface Ethernet0/0/2
 port link-type access
 port default vlan 3
```

2 配置验证

配置三层交换后，可以用 ping 命令验证主机之间的连通性。VLAN 2 中的 PC1（IP 地址：192.168.2.2）可以 ping 通 VLAN 3 中的 PC2（IP 地址：192.168.3.2）。PC1 和 PC2 互 ping 验证如图 2-44 所示。

图 2-44　PC1 和 PC2 互 ping 验证

3　故障排错

故障排错思路如下：

1）是否按照要求在全局视图下创建 VLAN。

2）创建 VLANIF 接口时，vlan-id 的值是否是与 VLANIF 接口相关联的 VLAN 编号。

3）VLANIF 接口的 IP 地址作为主机的网关 IP 地址，与主机的 IP 地址是否位于同一网段。

2.2.8　单臂路由配置案例

单臂路由是在一个物理接口上配置多个逻辑接口 IP 地址，解决三层交换机 VLAN 之间的通信问题。

单臂路由可以通过二层交换机配合路由器实现 VLAN 之间路由。部署 VLAN 的传统交换机不能实现不同 VLAN 之间的二层报文转发，必须引入路由技术来实现不同 VLAN 之间的通信。

单臂路由应用场景是将企业中的不同部门划分到不同的 VLAN 中，使彼此可以使用不同的数据转发控制策略，但同时导致了不同部门之间无法进行二层通信，此时解决 VLAN 之间通信的第一种方法就是单臂路由。

单臂路由配置时，路由器子接口编号范围为 1～4095。由于单臂路由中所有子接口共享一个物理接口的带宽，因此该节点可能会成为网络瓶颈。配置时注意不要将子接口下的 IP 地址配置到实际物理接口下面，被划分子接口的物理接口下不需要配置任何信息。

使用 PC 模拟不同部门，将 PC1 划分到 VLAN 10 中，将 PC2 划分到 VLAN 20 中，要求使用单臂路由的方式让 PC1 和 PC2 通过三层交换机互相通信。单臂路由实验拓扑如图 2-45 所示。

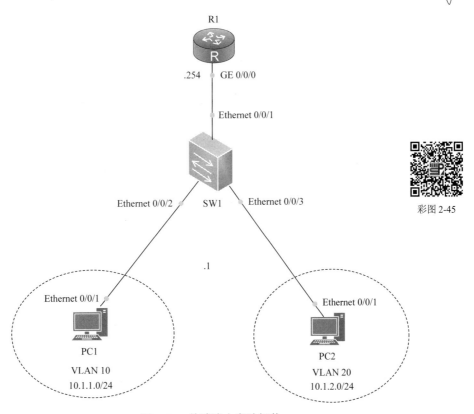

图 2-45　单臂路由实验拓扑

1　数据配置

PC1 的数据配置如图 2-46 所示。

图 2-46　PC1 的数据配置

PC2 的数据配置如图 2-47 所示。

图 2-47　PC2 的数据配置

单臂路由数据配置步骤如下：

1）在 SW1 上创建 VLAN，并将与 PC 互联的接口加入对应 VLAN 中。

```
[SW1]vlan batch 10 20
[SW1]interface E0/0/2
[SW1-Ethernet0/0/2]port link-type access
[SW1-Ethernet0/0/2]port default vlan 10
[SW1-Ethernet0/0/2]quit
[SW1]interface E0/0/3
[SW1-Ethernet0/0/3]port link-type access
[SW1-Ethernet0/0/3]port default vlan 20
[SW1-Ethernet0/0/3]quit
```

2）在 SW1 上将与 R1 互联的接口配置为 Trunk，并允许相应的 VLAN 通过。

```
[SW1]interface E0/0/1
[SW1-Ethernet0/0/1]port link-type trunk
[SW1-Ethernet0/0/1]port trunk allow-pass vlan 10 20
[SW1-Ethernet0/0/1]quit
```

3）在 R1 上创建子接口，配置 IP 地址并进行 802.1q 封装。

```
[R1]interface G0/0/0.10          //进入子接口，子接口范围为 1~4096
[R1-GigabitEthernet0/0/0.10]ip address 10.1.1.254 24
                            //配置网关 IP 地址
[R1-GigabitEthernet0/0/0.10]dot1q termination vid 10
                            //终结 VLAN 10，入接口去标签，出接口打上标签
[R1-GigabitEthernet0/0/0.10]quit
[R1]interface G0/0/0.20
```

```
[R1-GigabitEthernet0/0/0.20]ip address 10.1.2.254 24
[R1-GigabitEthernet0/0/0.20]dot1q termination vid 20
[R1-GigabitEthernet0/0/0.20]quit
```

4）在 R1 的子接口下开启 ARP 广播功能。

```
[R1]interface G0/0/0.10
[R1-GigabitEthernet0/0/0.10]arp broadcast enable
[R1-GigabitEthernet0/0/0.10]quit
[R1]interface G0/0/0.20
[R1-GigabitEthernet0/0/0.20]arp broadcast enable
```

2　配置验证

在 PC1 上 ping PC2 的地址，可以 ping 通。PC1 ping PC2 验证结果如图 2-48 所示。

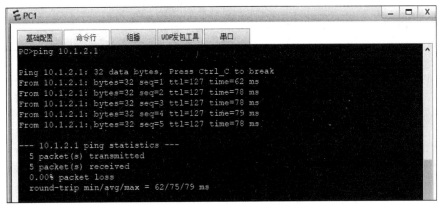

图 2-48　PC1 ping PC2 验证结果

3　故障排错

故障排错思路如下：

1）查看两台 PC 的基本配置是否出错。

2）在交换机系统视图下使用 dis cu 命令查看交换机配置，检查 VLAN 是否正确创建，三个接口的配置是否正确，注意 SW1 上的 Ethernet 0/0/1 接口必须配置为 Trunk 口。

3）使用 dis cu 命令查看路由器配置信息，重点查看子接口 IP 地址是否正确配置。

单元 3 路由交换技术综合实训

职业教育要加强实验实训安全意识,通过综合实训树立国家安全观。路由交换技术综合运用是学生就业前必须掌握的岗位技能,本单元专题讲授 HCIE-R&S 数据通信专家认证实验操作入门、排错和认证备考 TS 诊断分析。

学习指导

知识目标 ☞	• 掌握 HCIE-R&S 实验考试二层交换技术典型技术应用。
能力目标 ☞	• 掌握 HCIE-R&S 故障排错和 TS 故障诊断方法。
素质目标 ☞	• 通过合作处理大型网络故障诊断,培养团队协作能力,增强安全意识;锻炼技术报告写作能力。
重点难点 ☞	• HCIE-R&S 故障排错和 TS 故障诊断方法。

3.1

HCIE-R&S 数据通信专家认证实验操作入门

　　本单元选取了 HCIE-R&S LAB 实验考试大纲关于二层交换技术典型应用中的链路聚合技术、Trunk 技术、MSTP 技术、Smart Link 技术，并根据 HCIE 认证讲师的学习总结，在此模块中补充了 FR 技术和点对点协议（point to point protocol，PPP）认证技术，可为后续学习三层路由技术等配置打下基础。

　　二层交换技术应用实验拓扑如图 3-1 所示。FR 技术实验拓扑如图 3-2 所示。

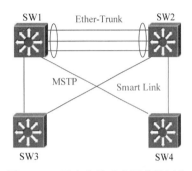

图 3-1　二层交换技术应用实验拓扑

彩图 3-1

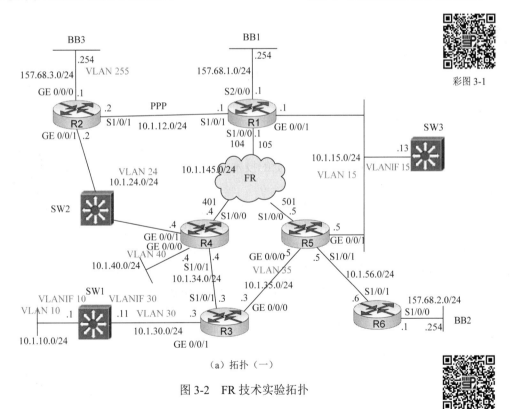

（a）拓扑（一）

图 3-2　FR 技术实验拓扑

彩图 3-2

71

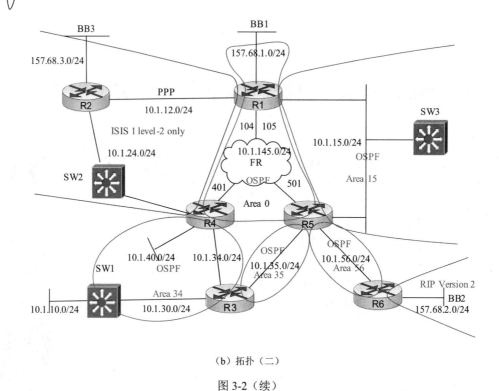

（b）拓扑（二）

图 3-2（续）

3.1.1　Eth-Trunk 链路聚合

以太网链路聚合（link aggregation）是一种将多条物理链路捆绑在一起成为一条逻辑链路，从而增加链路带宽的技术。链路聚合主要有三个优势：增加带宽、提高可靠性和分担负载。

Eth-Trunk 链路
聚合

SW1 和 SW2 分别通过 GE 0/0/13、GE 0/0/14 和 GE 0/0/15 接口相互连接，把这三个接口捆绑成一个逻辑接口。SW2 为主动端，两台设备之间最大可用的带宽为 2G，GE 0/0/13 接口所连接的是备份链路。

当 SW2 中的活动接口 GE 0/0/14 或 GE 0/0/15 关闭后，GE 0/0/13 立刻成为活动接口。如果故障接口恢复，GE 0/0/13 延时 10s 后进入备份状态。

1　数据配置

SW1 的数据配置如下：

```
interface Eth-Trunk1                      //进入 Eth-Trunk 1
  mode lacp-static                        //设置静态 LACP
  trunkport gigabitethernet 0/0/13        //将端口添加到 Eth-Trunk
  trunkport gigabitethernet 0/0/14        //将端口添加到 Eth-Trunk
  trunkport gigabitethernet 0/0/15        //将端口添加到 Eth-Trunk
```

SW2 的数据配置如下：

```
 lacp priority 0                          //全局设置 LACP 优先级为 0
interface Eth-Trunk1                      //进入 Eth-Trunk 1
  mode lacp-static                        //设置静态 LACP
  trunkport gigabitethernet 0/0/13        //将端口添加到 Eth-Trunk
  trunkport gigabitethernet 0/0/14        //将端口添加到 Eth-Trunk
  trunkport gigabitethernet 0/0/15        //将端口添加到 Eth-Trunk
  lacp preempt enable                     //开启抢占功能
  max active-linknumber 2                 //活动链路上限阈值
  lacp preempt delay 10                   //默认为 30s
#
interface G0/0/13                         //进入 GE 0/0/13 接口
  lacp priority 60000                     //端口下 LACP 优先级 60000
```

2　配置验证

1）使用 dis eth-trunk 1 命令查看链路聚合组状态。

2）使用 dis trunkmembership eth-trunk 1 命令查看成员口。

3.1.2　Trunk

Trunk

SW1 和 SW2 分别通过 GE 0/0/13、GE 0/0/14 和 GE 0/0/15 接口相互连接。SW1 的 GE 0/0/16 连接 SW3 的 GE 0/0/13（考试是 Ethernet 0/0/13），SW1 的 GE 0/0/19 连接 SW4 的 GE 0/0/13（考试是 Ethernet 0/0/13），SW2 的 GE 0/0/16 连接 SW3 的 GE 0/0/16（考试是 Ethernet 0/0/16），SW2 的 GE 0/0/19 连接 SW4 的 GE 0/0/16（考试是 Ethernet 0/0/16）。

将 SW1、SW2、SW3 和 SW4 上互联的接口修改为 Trunk 类型，允许除 VLAN 1 以外的所有 VLAN 通过。

1　数据配置

在所有接口下必须补一条 port trunk pvid vlan 255（模拟器练习时最后输入）。

SW1 的数据配置如下：

```
#
interface Eth-Trunk1   (g0/0/16,g0/0/19)   //进入 Eth-Trunk 1
 port link-type trunk                       //设置链路类型为 Trunk
 undo port trunk allow-pass vlan 1          //不允许 VLAN 1 通过
 port trunk allow-pass vlan 2 to 4094       //允许 VLAN 2～4094 通过
 port trunk pvid vlan 255
#
```

SW2 的数据配置如下：

```
#
interface Eth-Trunk1(g0/0/16,g0/0/19)      //进入 Eth-Trunk 1
 port link-type trunk                       //设置链路类型为 Trunk
 undo port trunk allow-pass vlan 1          //不允许 VLAN 1 通过
 port trunk allow-pass vlan 2 to 4094       //允许 VLAN 2～4094 通过
```

```
    port trunk pvid vlan 255
    #
```

SW3 的数据配置如下：

```
    #
    interface G0/0/13    (G0/0/16)              //进入 ETH
     port link-type trunk                       //设置链路类型为 Trunk
     undo port trunk allow-pass vlan 1          //不允许 VLAN 通过
     port trunk allow-pass vlan 2 to 4094       //允许 VLAN 2～4094 通过
     port trunk pvid vlan 255
    #
```

SW4 的数据配置如下：

```
    #
    interface G0/0/13    (G0/0/16)              //进入 ETH
     port link-type trunk                       //设置链路类型为 Trunk
     undo port trunk allow-pass vlan 1          //不允许 VLAN 1 通过
     port trunk allow-pass vlan 2 to 4094       //允许 VLAN 2～4094 通过
     port trunk pvid vlan 255
    #
```

2 配置验证

使用 display port vlan 命令验证端口模式。

3.1.3 MSTP

SW1、SW2、SW3 和 SW4 都运行 MSTP。VLAN 10、VLAN 15 和 VLAN 24 在 instance 1，SW1 作为 Primary Root，SW2 作为 Secondary Root。VLAN 30、VLAN 35 和 VLAN 255 在 instance 2，SW2 作为 Primary Root，SW1 为 Secondary Root。MSTP 的 Region-name 是 HW，Revision-level 为 1。

MSTP

SW1 的 GE 0/0/10 端口直接连接 PC，当端口开启后，要能立即处于转发状态；当该端口收到 BPDU 报文后，端口要能够自动关闭。

1 数据配置

SW1 的数据配置如下：

```
    stp mode mstp                              //设置交换机的模式为 MSTP
    stp region-configuration                   //进入 MSTP 域视图
       region-name HW                          //配置域名
       revision-level 1                        //域级别
       instance 1 vlan 10 15 24                //配置 VLAN 映射表
       instance 2 vlan 30 35 255               //配置 VLAN 映射表
       active region-configuration             //激活 MSTP 的域配置
    stp instance 1 root primary                //实例一设置为 STP 的主根
    stp instance 2 root secondary              //实例二设置为 STP 的备份根
    #
    stp bpdu-protection                        //使能设备的 BPDU 保护功能
```

```
  interface G0/0/10                            //进入 GE 0/0/10
    stp edge-port enable                       //设置为 EP 端口
  #
```

SW2 的数据配置如下：

```
  #
  stp mode mstp                                //设置 STP 的模式为 MSTP
  stp region-configuration                     //进入 MSTP 域视图
    region-name HW                             //配置域名
    revision-level 1                           //域级别
    instance 1 vlan 10 15 24                   //配置 VLAN 映射表
    instance 2 vlan 30 35 255                  //配置 VLAN 映射表
    active region-configuration                //激活域配置
  stp instance 2 root primary                  //设置实例二为主根
  stp instance 1 root secondary                //设置实例一为备份根
  #
```

SW3 的数据配置如下：

```
  #
  stp mode mstp                                //配置 STP 的模式为 MSTP
  stp region-configuration                     //进入 MSTP 域视图
    region-name HW                             //配置域名
    revision-level 1                           //域级别
    instance 1 vlan 10 15 24                   //配置 VLAN 映射表
    instance 2 vlan 30 35 255                  //配置 VLAN 映射表
    active region-configuration                //手动激活域配置
```

SW4 的数据配置如下：

```
  #
  stp mode mstp                                //配置 STP 的模式为 MSTP
  stp region-configuration                     //进入 MSTP 域视图
    region-name HW                             //配置域名
    revision-level 1                           //域级别
    instance 1 vlan 10 15 24                   //配置 VLAN 映射表
    instance 2 vlan 30 35 255                  //配置 VLAN 映射表
    active region-configuration                //手动激活域配置
```

2 配置验证

1）使用 dis stp instance 1(2)命令查看相应实例的根桥是否满足题意。

2）使用 dis stp instance 1(2) brief 命令查看根端口位置是否符合要求。

3）使用 dis stp region-config 命令查看实例和 VLAN 对应关系是否满足题意。

3.1.4 FR

R1、R4、R5 之间使用 FR 进行互联，是 Hub-Spoke 模式，其中 R1 为 Hub 端，R4、R5 为 Spoke 端。所有 FR 接口不能使用子接口，并且关闭掉

FR

自动 Inverse ARP 功能。

1 数据配置

FR 帧中继交换机 DLCI 配置：打开 eNSP 新建拓扑，选择设备，将其拖入空白的操作面板。本次实验需 3 台 Router 路由器和 1 台 FRSW 设备，双击 FRSW 设备，在 FRSW 上添加 4 个映射，分别如图 3-3 所示。

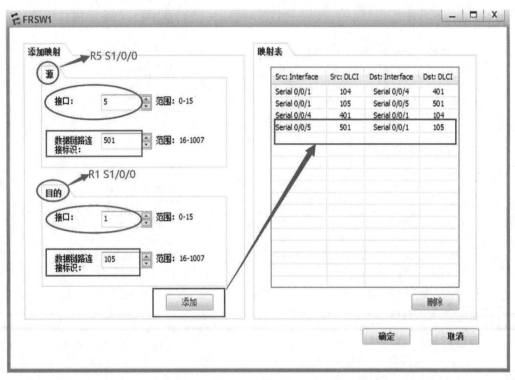

图 3-3　在 FRSW 上添加 4 个映射

R1 的数据配置如下：

```
#
interface Serial1/0/0                          //进入接口 S1/0/0
 link-protocol fr                             //配置链路类型为 FR
 undo fr inarp                                //关闭地址逆向解析协议
 fr map ip 10.1.145.4 104 broadcast          //写一条静态 FR MAP
 fr map ip 10.1.145.5 105 broadcast          //写一条静态 FR MAP
 ip address 10.1.145.1 255.255.255.0         //配置 IP 地址
#
```

R4 的数据配置如下：

```
#
interface Serial1/0/0                          //进入接口 S1/0/0
 link-protocol fr                             //配置链路类型为 FR
```

```
    undo fr inarp                          //关闭地址逆向解析协议
    fr map ip 10.1.145.1 401 broadcast     //写一条静态 FR MAP
    fr map ip 10.1.145.5 401 broadcast     //写一条静态 FR MAP
    ip address 10.1.145.4 255.255.255.0    //配置 IP 地址
    #
```

R5 的数据配置如下：

```
    #
    interface Serial1/0/0                  //进入接口 S1/0/0
    link-protocol fr                       //配置链路类型为 FR
    undo fr inarp                          //关闭地址逆向解析协议
    fr map ip 10.1.145.1 501 broadcast     //写一条静态 FR MAP
    fr map ip 10.1.145.4 501 broadcast     //写一条静态 FR MAP
    ip address 10.1.145.5 255.255.255.0    //配置 IP 地址
    #
```

2　配置验证

在 3 台设备上互 PING，它们之间的接口可互相 ping 通。

3.1.5　Smart Link

SW4 通过 Ethernet 0/0/13 连接 SW1 的 GE 0/0/19，通过 Ethernet 0/0/16 连接 SW2 的 GE 0/0/19。

Smart Link

Ethernet 0/0/13 作为 Master，Ethernet 0/0/16 作为 Slave。SW4 的 Ethernet 0/0/13 出现故障，流量自动切换到 Ethernet 0/0/16。

Ethernet 0/0/13 恢复正常后，流量在 30s 内自动切回。VLAN 110 作为 Control VLAN。

1　数据配置

SW4 的数据配置如下：

```
    interface G0/0/13
      stp disable                          //需要关闭 STP 功能
    interface G0/0/16
      stp disable                          //需要关闭 STP 功能
    quit
    smart-link group 1
      port g0/0/13 master
      port g0/0/16 slave
      smart-link enable                    //使能 Smart Link 组功能
      restore enable                       //使能 Smart Link 组的回切功能
      timer wtr 30
          //设置 Smart Link 组回切时间，默认情况下，Smart Link 组回切时间为 60s
      flush send control-vlan 110          //控制 VLAN 不能是负载分担实例映射的 VLAN
```

SW1/SW2 的数据配置如下：

```
interface G0/0/19
  stp disable
  smart-link flush receive control-vlan 110
                              //使能 Flush 报文接收功能，并配置接口接收 Flush
                              //报文携带的控制 VLAN 编号和密码（可选）
```

2 配置验证

利用 display smart-link group all 命令验证 smart-link group 信息。

3.1.6 PPP 认证（CHAP 认证方式）

R1 和 R2 通过 Serial 接口互联，封装类型为 PPP。R1 需要对 R2 进行 CHAP 认证，R1 为认证端，R2 为被认证端。验证的用户名为 chapuser，密码为 CHAP123（注意看清认证端和被认证端分别是哪台设备）。

PPP 认证（CHAP 认证方式）

1 数据配置

R1 的数据配置如下：

```
#                                          //认证端
interface S1/0/1                           //进入 S1/0/1 接口
  ppp authentication-mode chap             //认证类型为 CHAP 区域
  quit
  aaa                                      //进入 AAA
  local-user chapuser password cipher CHAP123 //用户名 chapuser，密码 CHAP123
  local-user chapuser service-type ppp     //封装类型为 PPP
#
```

R2 的数据配置如下：

```
#                                          //被认证端
interface S1/0/1                           //进入 S1/0/1 接口
ppp chap user chapuser                     //用户名 chapuser
ppp chap password cipher CHAP123           //密码 CHAP123
quit
#
```

2 配置验证

数据配置完成后，在任意一台路由器上将端口 interface S1/0/1 shutdown 后再 no shutdown，看端口 interface S1/0/1 是否能开启，并互相 ping 通。

3.1.7 PPP 认证（PAP 认证方式）

R1 和 R2 通过串行链路互连，封装类型为 PPP。R2 需要对 R1 进行 PAP 认证，R2 为认证端，R1 为被认证端。验证的用户名为 papus，

PPP 认证（PAP 认证方式）

密码为 PAP123，且密码需以密文显示。

1　数据配置

R1 的数据配置如下：

```
interface S1/0/1
  ppp pap local-user papuser password cipher PAP123
quit
```

R2 的数据配置如下：

```
interface S1/0/1
  ppp authentication-mode pap
quit
aaa
  local-user papuser  password cipher PAP123
  local-user papuser  service-type ppp
```

2　配置验证

用 dis interface S1/0/1 命令查看接口状态是否为开启，也可直接用 ping 命令查看直连链路是否连通。

3.2

HCIE-R&S 数据通信专家认证排错

HCIE-R&S 数据通信专家认证项目通常考查网络工程技术人员对大型互联网故障的诊断和排除能力，本节内容以 Eth-Trunk 链路聚合排错和 MSTP 排错为例，介绍二层网络技术故障排除方法。

HCIE-R&S 数据通信
专家认证排错

3.2.1　Eth-Trunk 链路聚合排错案例

1　构建实训拓扑

Eth-Trunk 链路聚合排错拓扑如图 3-4 所示。

彩图 3-4

图 3-4　Eth-Trunk 链路聚合排错拓扑

2　需求分析

SW1 与 SW2 之间的所有链路要求做 Eth-Trunk 的捆绑，并且此 Eth-Trunk 要求做 src-dst-ip 负载。

3　数据配置

SW1 的数据配置如下：

```
[SW1]interface Ethernet0/0/19
[SW1-Ethernet0/0/19] eth-trunk 12
[SW1]interface Ethernet0/0/20
[SW1-Ethernet0/0/20] eth-trunk 12
[SW1]int Eth-Trunk 12
[SW1-Eth-Trunk12] port link-type trunk
[SW1-Eth-Trunk12]port trunk allow-pass vlan 2 to 4094
[SW1-Eth-Trunk12]mode lacp-static
[SW1-Eth-Trunk12]load-balance src-mac
[SW1-Eth-Trunk12]quit
```

SW2 的数据配置如下：

```
[SW2]interface Ethernet0/0/18
[SW2-Ethernet0/0/18] eth-trunk 12
[SW2]interface Ethernet0/0/20
[SW2-Ethernet0/0/20] eth-trunk 12
[SW2]int Eth-Trunk 12
[SW2-Eth-Trunk12] port link-type trunk
[SW2-Eth-Trunk12]port trunk allow-pass vlan 2 to 4094
[SW2-Eth-Trunk12]mode lacp-static
[SW2-Eth-Trunk12]load-balance src-mac
[SW2-Eth-Trunk12]quit
```

4　错点及修改方法

1）Eth-Trunk 捆绑只有两个。

错点：SW1 的 Ethernet 0/0/18 未做 Eth-Trunk；SW2 的 Ethernet 0/0/19 未做 Eth-Trunk。
修改方法：

```
[SW1] interface Ethernet0/0/18
[SW1-Ethernet0/0/18]Eth-trunk 12
[SW2] interface Ethernet0/0/19
[SW2-Ethernet0/0/19]Eth-trunk 12
```

2）Eth-Trunk 的负载均衡方式错误为 src-mac，题目要求的负载均衡方式为 src-dst-ip。
错点：

```
[SW1] interface Eth-Trunk12
[SW1-Eth-Trunk12] load-balance src-mac
[SW2]interface Eth-Trunk12
[SW2-Eth-Trunk12]load-balance src-mac
```

修改方法：

```
[SW1] interface Eth-Trunk12
[SW1-Eth-Trunk12] Undo load-balance//去掉错误的负载均衡方式，恢复默认的负
载均衡方式 src-dst-ip
[SW2]interface Eth-Trunk12
[SW2-Eth-Trunk12]Undo load-balance
```

5　Eth-Trunk 链路聚合正确数据配置参考

需求：SW1 和 SW2 分别通过 GE 0/0/13、GE 0/0/14 和 GE 0/0/15 接口相互连接，把这三个接口捆绑成一个逻辑接口。SW2 为主动端，两台设备之间最大可用的带宽为 2G，GE 0/0/13 接口所连接的是备份链路。当 SW2 中的活动接口 GE 0/0/14 或 GE 0/0/15 关闭后，GE 0/0/13 立刻成为活动接口。如果故障接口恢复，GE 0/0/13 延时 10s 后进入备份状态。

解法：
SW1：

```
interface Eth-Trunk1                      //进入 Eth-Trunk 1
  mode lacp-static                        //设置静态 LACP
  trunkport gigabitethernet 0/0/13        //将端口添加到 Eth-Trunk
  trunkport gigabitethernet 0/0/14        //将端口添加到 Eth-Trunk
  trunkport gigabitethernet 0/0/15        //将端口添加到 Eth-Trunk
```

SW2：

```
lacp priority 0                           //全局设置 LACP 优先级为 0
interface Eth-Trunk1                      //进入 Eth-Trunk 1
  mode lacp-static                        //设置静态 LACP
  trunkport gigabitethernet 0/0/13        //将端口添加到 Eth-Trunk
  trunkport gigabitethernet 0/0/14        //将端口添加到 Eth-Trunk
  trunkport gigabitethernet 0/0/15        //将端口添加到 Eth-Trunk
  lacp preempt enable                     //开启抢占功能
  max active-linknumber 2                 //活动链路上限阈值
  lacp preempt delay 10                   //默认为
#
interface g0/0/13                         //进入 GE 0/0/13 接口
  lacp priority 60000                     //端口下 LACP 优先级 60000
```

验证：

1）利用 dis eth-trunk 命令查看链路聚合组状态信息。

2）利用 dis trunkmembership eth-trunk 命令查看成员口。

3.2.2 MSTP 排错案例

1 构建实训拓扑

MSTP 拓扑如图 3-5 所示。

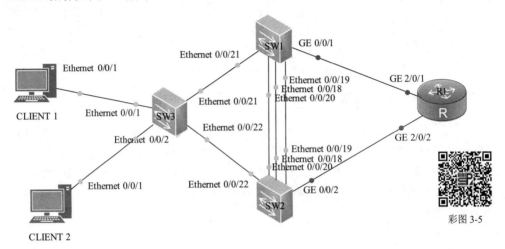

图 3-5　MSTP 拓扑

2 需求分析

CLIENT 1 属于 VLAN 12，CLIENT 2 属于 VLAN 34；MSTP 中的 VLAN 12 属于 instance 1，VLAN 34 属于 instance 2；两个 instance 的主备根桥分别在 SW1 和 SW2 上，并且要求 CLIENT1 访问 R1 时经过的路径是 SW3-SW1-R1；同时要求 CLIENT 2 访问 R1 时经过的路径是 SW3-SW2-R1。

3 数据配置

SW1 的数据配置如下：

```
[SW1] vlan batch 12 34 100 200
[SW1] interface Ethernet0/0/21
[SW1-Ethernet0/0/21] port link-type trunk
[SW1-Ethernet0/0/21]port trunk allow-pass vlan 2 to 11 13 to 4094
[SW1]interface Ethernet0/0/18
[SW1-Ethernet0/0/18] eth-trunk 12
[SW1]interface Ethernet0/0/19
[SW1-Ethernet0/0/19] eth-trunk 12
```

```
[SW1]interface Ethernet0/0/20
[SW1-Ethernet0/0/20] eth-trunk 12
[SW1]int Eth-Trunk 12
[SW1-Eth-Trunk12] port link-type trunk
[SW1-Eth-Trunk12]port trunk allow-pass vlan 2 to 4094
[SW1-Eth-Trunk12]mode lacp-static
[SW1]stp instance 1 root primary
[SW1]stp instance 2 root secondary
[SW1]stp region-configuration
[SW1-mst-region] region-name HCIE
[SW1-mst-region] instance 1 vlan 12
[SW1-mst-region] instance 2 vlan 34
[SW1-mst-region] active region-configuration
```

SW2 的数据配置如下：

```
[SW2]vlan batch 12 34 100 200
[SW2]interface Ethernet0/0/22
[SW2-Ethernet0/0/22] port link-type trunk
[SW2-Ethernet0/0/22] port trunk allow-pass vlan 2 to 33 35 to 4094
[SW2]interface Ethernet0/0/18
[SW2-Ethernet0/0/18] eth-trunk 12
[SW2]interface Ethernet0/0/19
[SW2-Ethernet0/0/19] eth-trunk 12
[SW2]interface Ethernet0/0/20
[SW2-Ethernet0/0/20] eth-trunk 12
[SW2]int Eth-Trunk 12
[SW2-Eth-Trunk12] port link-type trunk
[SW2-Eth-Trunk12]port trunk allow-pass vlan 2 to 4094
[SW2-Eth-Trunk12]mode lacp-static
[SW2] stp instance 1 root secondary
[SW2]stp region-configuration
[SW2-mst-region] region-name HCIE
[SW2-mst-region] instance 1 vlan 34
[SW2-mst-region] instance 2 vlan 12
[SW2-mst-region] active region-configuration
```

SW3 的数据配置如下：

```
[SW3]vlan batch 12 34
[SW3]interface Ethernet0/0/1
[SW3-Ethernet0/0/1]port link-type access
[SW3-Ethernet0/0/1]port default vlan 12
[SW3]interface Ethernet0/0/2
[SW3-Ethernet0/0/2]port link-type access
[SW3-Ethernet0/0/2]port default vlan 34
[SW3]interface Ethernet0/0/21
```

```
[SW3-Ethernet0/0/21] port link-type trunk
[SW3-Ethernet0/0/21]port trunk allow-pass vlan 2 to 4094
[SW3-Ethernet0/0/21]stp instance 1 cost 10
[SW3]interface Ethernet0/0/22
[SW3-Ethernet0/0/22]port link-type trunk
[SW3-Ethernet0/0/22]port trunk allow-pass vlan 2 to 4094
[SW3-Ethernet0/0/22]stp instance 2 cost 10
[SW3]stp mode stp
[SW3]stp region-configuration
[SW3-mst-region]region-name HCIE
[SW3-mst-region]instance 1 vlan 12
[SW3-mst-region]instance 2 vlan 34
[SW3-mst-region]active region-configuration
```

4 错点及修改方法

1）将 SW3 Ethernet 0/0/21 中 instance 1 和 Ethernet 0/0/22 中 instance 2 的 cost 改小。通过更改 cost 的值来影响端口选择，从而使路径出错，不符合题目要求。

错点：

```
[SW3]interface Ethernet0/0/21
[SW3-Ethernet0/0/21]stp instance 1 cost 10
[SW3]interface Ethernet0/0/22
[SW3-Ethernet0/0/22]stp instance 2 cost 10
```

修改方法：

```
[SW3]interface Ethernet0/0/21
[SW3-Ethernet0/0/21]undo stp instance 1 cost
[SW3]interface Ethernet0/0/22
[SW3-Ethernet0/0/22]undo stp instance 2 cost
```

2）SW3 的 STP 模式为 STP，SW1 和 SW2 的 STP 模式为默认的 MSTP。

错点：

```
[SW3]stp mode stp
```

修改方法：

```
[SW3]stp mode mstp
```

3）SW1 的 Ethernet 0/0/21，没有允许 VLAN 12 通过。

错点：

```
[SW1] interface Ethernet0/0/21
[SW1-Ethernet0/0/21] port link-type trunk
[SW1-Ethernet0/0/21]port trunk allow-pass vlan 2 to 11 13 to 4094
```

修改方法：

```
[SW1] interface Ethernet0/0/21
```

```
[SW1-Ethernet0/0/21]port trunk allow-pass vlan 12
```

4）SW2 的 MST instance VLAN 对应关系配置颠倒。

错点：

```
[SW2-mst-region] instance 1 vlan 34
[SW2-mst-region] instance 2 vlan 12
```

修改方法：

```
[SW2]stp region-configuration
[SW2-mst-region] instance 1 vlan 12
[SW2-mst-region] instance 2 vlan 34
[SW2-mst-region] active region-configuration
```

5）只把 SW2 配置为 instance 1 的备份根桥，没有把 SW2 配置为 instance 2 的根桥。

错点：

```
[SW2] stp instance 1 root secondary
```

修改方法：

```
[SW2] stp instance 2 rootprimary
```

6）SW2 的 Ethernet 0/0/22，没有允许 VLAN 34 通过。

错点：

```
[SW2] interface Ethernet0/0/22
[SW2-Ethernet0/0/22] port trunk allow-pass vlan 2 to 33 35 to 4094
```

修改方法：

```
[SW2] interface Ethernet0/0/22
[SW2-Ethernet0/0/22] port trunk allow-pass vlan 34
```

5　MSTP 正确数据配置参考

需求：SW1、SW2、SW3、SW4 都运行 MSTP；VLAN 10、VLAN 15、VLAN 24 在 instance 1，SW1 作为 Primary Root，SW2 作为 Secondary Root；VLAN 30、VLAN 35、VLAN 255 在 instance 2，SW2 作为 Primary Root，SW1 作为 Secondary Root；MSTP 的 Region-name 为 HW，Revision-level 为 1。SW1 的 GE 0/0/10 接口直接连接 PC，接口开启后需要能立即处于转发状态；当该接口收到 BPDU 报文后，需要接口能够自动关闭。

解法如下。

SW1：

```
stp mode mstp
stp region-configuration
        region-name HW
        revision-level 1
        instance 1 vlan 10 15 24
        instance 2 vlan 30 35 255
        active region-configuration
```

```
stp instance 1 root primary
stp instance 2 root secondary
#
stp bpdu-protection

interface G0/0/10
    stp edge-port enable
#
```

SW2:
```
#
stp mode mstp
stp region-configuration
      region-name HW
      revision-level 1
      instance 1 vlan 10 15 24
      instance 2 vlan 30 35 255
      active region-configuration
stp instance 2 root primary
stp instance 1 root secondary
#
```

SW3:
```
#
stp mode mstp
stp region-configuration
region-name HW
revision-level 1
 instance 1 vlan 10 15 24
instance 2 vlan 30 35 255
active region-configuration
```

验证:

1）利用 dis stp instance 1(2)命令查看相应实例的根桥是否满足题意。

2）利用 dis stp instance 1(2) brief 命令查看根端口位置是否符合要求。

3）利用 dis stp region-config 命令查看实例和 VLAN 对应关系是否满足题意。

3.3

HCIE-R&S 数据通信专家认证 TS 综合排错分析

HCIE-R&S 数据通信专家认证 TS 综合排错项目模拟 AS100

HCIE-R&S 数据通信专家
认证 TS 综合排错分析

和 AS200 的因特网服务提供者（Internet service provider，ISP）和
五个企业网络站点。本节训练学习者能定位诊断 ISP 和企业内部
站点的故障，采用化整为零的方式，将每个站点和单个 ISP 作为一个分故障点介绍故
障诊断、处理思路和故障改正方法。通过分解复杂的大型网络范围，缩小故障检测点，
精准定位故障，最后达到排除故障的目的。本单元案例可供参加 HCIE-R&S 数据通信专
家认证备考学习者参考。TS 综合排错拓扑如图 3-6 所示。

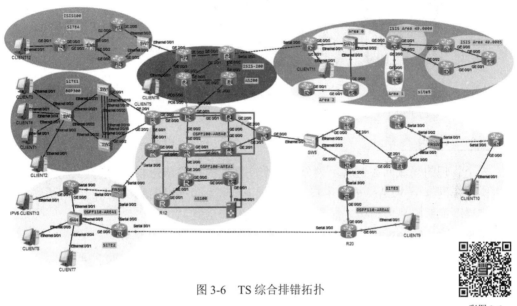

图 3-6　TS 综合排错拓扑

彩图 3-6

本拓扑图的 Internet 网络部分包含两个 ISP 的网络，AS 号为 100 和 200，并通过
两条链路互联。两个 ISP 连接了五个企业网络站点，其中 SITE 1 和 SITE 4 属于同一
个虚拟专用网络（virtual private network，VPN）客户，保证站点内的路由全部互通；
SITE 2 和 SITE 3 属于同一个 VPN 客户，保证站点内的路由全部互通。设备之间的互
联链路包含以太链路和 PPP，网络设备的接口类型包含以太接口、串行接口和 POS
接口。

在 Internet 网络中运行 IPv4 和 IPv6 双栈，运行的网络协议包括 IS-IS、OSPF、LDP
（label distribution protocol，标签分发协议）、MP-BGP、multicast。在企业网络中设计了
交换网络，用于设备 MPLS VPN 的低速专线。

3.3.1　站点 SITE 1 排错分析

站点 SITE 1 包含四台客户端和三台交换机，其中 CLIENT 1 和 CLIENT 2 属于
VLAN 12，CLIENT 3 和 CLIENT 4 属于 VLAN 34 和 SW3 互联。SITE 1 网络拓扑如
图 3-7 所示。

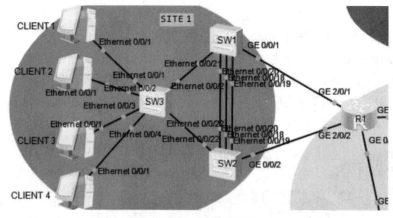

彩图 3-7

图 3-7　SITE 1 网络拓扑

常见错点分析如下。

1　VLAN 排错

一个物理的局域网在逻辑上划分成多个广播域的技术，通过在交换机上配置 VLAN，可以实现在同一个 VLAN 内的用户进行二层互访，而不同 VLAN 之间的用户被二层隔离。这样既能够隔离广播域，又能够提升网络的安全性。

常见错点：VLAN 创建、端口类型、端口允许通过的 VLAN 等。

2　MSTP 排错

MSTP 域内可以生成多棵生成树，每棵生成树都称为一个 MSTI，MSTI 之间彼此独立，各自进行 STP 计算来避免环路，同时通过 VLAN 和 MSTI 的映射关系实现 VLAN 的负载分担。

常见错点：MSTP 域名、修订级别、VLAN 和实例的映射关系、根桥的选举、接口开销等。

3　Eth-Trunk 排错

Eth-Trunk 将多个物理接口捆绑成为一个逻辑接口，可以在不进行硬件升级的条件下达到增加链路带宽和提高可靠性的目的。

常见错点：链路聚合模式、负载分担模式、成员端口数量等。

3.3.2　站点 SITE 2 排错分析

站点 SITE 2 包含四台客户端、一台交换机（SW4）和三台路由器（R10、R11、R116），其中 CLIENT 7 和 CLIENT 8 为 IPv4 客户端，CLIENT 13 和 CLIENT 14 为 IPv6 客户端。站点 SITE 2 常见错点有 OSPF 错点、VRRP 错点、DHCP 错点和 BFD 错点。

SITE 2 网络拓扑如图 3-8 所示。

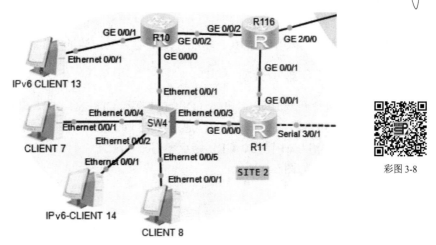

图 3-8　SITE 2 网络拓扑

彩图 3-8

常见错点分析如下。

1　OSPF 排错

OSPF 协议是基于 SPF 算法的内部网关路由协议，具有收敛快、无环路、扩展性好和支持认证等优点，是大型企业网常用的动态路由协议。

常见错点：OSPF 版本、router-id 冲突、区域 ID、认证类型认证数、接口网络类型、广播/NBMA 网络的子网掩码不一致；Hello/Deadinterval 不一致；无 DR（网段内端口优先级为 0）、E/NP 位不一致、开启 MTU 检测且不一致、没有宣告接口或宣告错误、设置静默接口、末节标志位不同（STUB/NAAS）等。

2　VRRP 排错

VRRP（virtual router redundancy protocol，虚拟路由冗余协议）能够在不改变组网的情况下，将多台路由器虚拟成一个虚拟路由器，通过将虚拟路由器的 IP 地址配置为默认网关，既可以实现网关的备份，又能够解决多个网关之间互相冲突的问题。

常见错点：VRRP 版本、VRRP 认证、主备优先级、抢占延迟、track 联动等。

3　BFD 排错

BFD（bidirectional forwarding detection，双向转发检测）提供了一个通用的、标准化的、介质无关和协议无关的快速故障检测机制，用于快速检测、监控网络中链路或者 IP 路由的转发连通状态。

常见错点：会话绑定信息、本地标识符、源端标识符等。

4　DHCP 排错

DHCP（dynamic host configuration protocol，动态主机配置协议）用来分配 IP 地址

等网络参数,可以减少管理员的工作量,避免用户手工配置网络参数时造成的地址冲突。

常见错误:服务器未开启 DHCP 功能、地址池类型、地址池范围、网关等。

3.3.3　站点 SITE 3 排错分析

站点 SITE2 包含两台 IPv6 客户端(CLINET 9 和 CLIENT 10)、两台交换机(SW5 和 SW11)和七台路由器(R14~R20),通过 SW5 和 AS100 互联。站点 SITE 3 常见错点有 Telnet 错点、OSPFv3 错点、GRE 错点和 QoS 错点。

SITE 3 网络拓扑如图 3-9 所示。

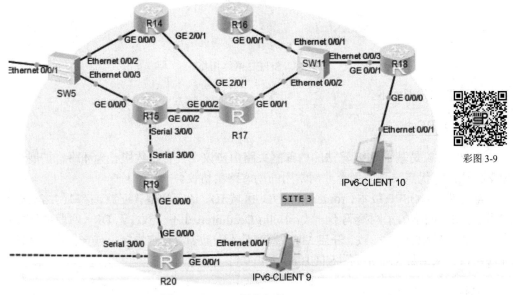

彩图 3-9

图 3-9　SITE 3 网络拓扑

常见错点分析如下。

1　Telnet 排错

Telnet 协议是 Internet 远程登录服务的标准协议和主要方式,它为用户提供了在本地计算机上完成远程主机工作的能力。

常见错点:认证方式、用户名错误、密码错误、权限等级等。

2　OSPFv3 排错

OSPFv3(open shortest path first version3)是在 OSPFv2 基础上开发的用于 IPv6 网络的路由协议,使用链路本地地址,基于链路运行,支持多实例复用,拓扑和路由分离,更快收敛。

常见错点:OSPF 版本、router-id 冲突、区域 ID、接口宣告、静默接口及路由过滤等。

3 GRE 排错

GRE（general routing encapsulation，通用路由封装）是一种三层隧道协议，可以对某些网络层协议（如 IP 和 IPX）的数据报文进行封装，使这些被封装的报文能够在另一网络层协议（如 IP）中透明传输。

常见错点：隧道接口、密钥 key、源地址和目的地址等。

4 QoS 排错

QoS（quality of service，服务质量）在带宽有限的情况下，对网络流量进行调控，避免并管理网络拥塞，减少报文的丢失率，同时也可以为不同的业务（语音、视频、数据等）提供差分服务。

常见错点：ACL 流量匹配、流分类、流行为、流策略和接口应用等。

3.3.4 企业内网站点 SITE 4 排错分析

站点 SITE 4 包含一台客户端（CLIENT 12）、2 台交换机（SW7 和 SW8）和两台路由器（R24 和 R25），通过 SW7 与 AS200 内的 R23 互联。站点 SITE 4 常见错点有 MUX VLAN 错点和 IS-IS 错点。SITE 4 网络拓扑如图 3-10 所示。

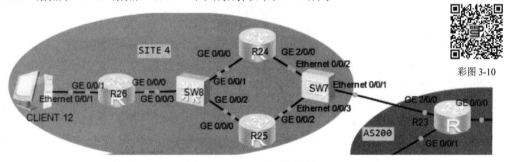

彩图 3-10

图 3-10　SITE 4 网络拓扑

常见错点分析如下。

1 MUX VLAN 排队

MUX VLAN（multiplex VLAN）分为主 VLAN（principal VLAN）、隔离型从 VLAN（separate VLAN）和互通型从 VLAN（group VLAN）。其中，主 VLAN 可以与 MUX VLAN 内的所有 VLAN 进行通信；隔离型从 VLAN 只能与 principal VLAN 进行通信，与其他类型的 VLAN 完全隔离，隔离型从 VLAN 内部也完全隔离；互通型从 VLAN 可以与 principal VLAN 进行通信，在同一个互通型从 VLAN 内的用户也可互相通信，但不能与其他互通型从 VLAN 或隔离型从 VLAN 内的用户通信。通过 MUX VLAN 提供的二层流量隔离的机制可以实现企业内部员工之间互相通信，而企业外来访客之间的互访是隔离的。

常见错点：MUX VLAN 功能是否开启、MUX VLAN 类型、VLAN 划分等。

2 IS-IS 排错

IS-IS（intermediate system to intermediate system，中间系统到中间系统）是 ISO（International Organization for Standardization，国际标准化组织）为它的 CLNP（connection less network protocol，无连接网络协议）设计的一种动态路由协议。后随着 TCP/IP 协议的流行，为了提供对 IP 路由的支持，IETF 在 RFC1195 中对 IS-IS 进行了扩充和修改，使它能够同时应用在 TCP/IP 和 OSI 环境中，具有收敛快、扩展性好、承载力强等优点，被大量应用于 ISP 网络中。

常见错点：area-id、system-id、路由器级别、接口级别、网络类型、认证类型、接口未开启 IS-IS 功能和 DIS 选举优先级等。

3.3.5 企业内网站点 SITE 5 排错分析

站点 SITE 5 包含一台客户端（CLIENT 11）、一台交换机（SW6）和八台路由器（R27～R34），并通过 R27 和 AS200 内的 R9 互联。站点 SITE 5 常见错点有 PPP 错点和 NAT（network address translation，网络地址转换）错点。SITE 5 网络拓扑如图 3-11 所示。

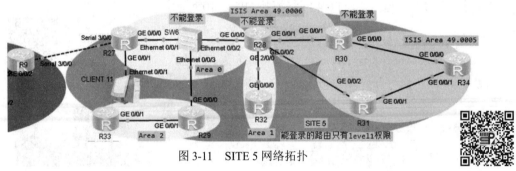

图 3-11　SITE 5 网络拓扑

彩图 3-11

常见错点分析如下。

1 PPP 排错

PPP 用于在广域网中提供远距离的数据传输，同时可以实现链路认证，保证链路安全。

常见错点：认证类型、用户名、认证密码等。

2 NAT 排错

当局域网内的主机需要访问外部网络时，通过 NAT 技术可以将其私网地址转换为公网地址，并且多个私网用户可以共用一个公网地址，这样既可以保证网络互通，又节省了公网地址。

常见错点：地址池名称和地址池范围、私网流量匹配、接口调用等。

3.3.6 XX1 电信运营商网 AS100 排错分析

电信运营商网 AS100 包含十台路由器（R1～R3、R6～R8、R13、R12、R21、R22）和一台组播源，R1 和 SITE 1 互联、R2 和 AS200 互联、R13 和 SITE 3 互联、R6 和 SITE 2 互联。AS100 常见错点有 OSPFv2 错点、OSPFv3 错点、MPLS 错点、MPLS VPN 错点、IP 组播错点和 ACL 错点。

AS100 网络拓扑如图 3-12 所示。

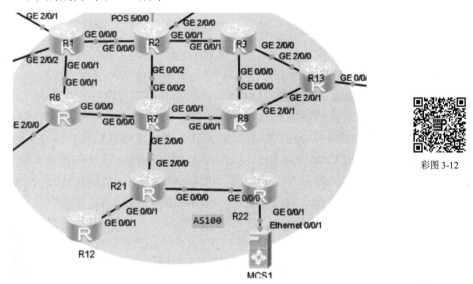

彩图 3-12

图 3-12　AS100 网络拓扑

常见错点分析如下。

1　OSPFv2 与 OSPFv3 排错

BGP（边界网关协议）是为取代最初的 EGP 而设计的另一种外部网关协议，不同于最初的 EGP，BGP 能够进行路由优选、避免路由环路、更高效率地传递路由和维护大量的路由信息，被广泛用于企业总部和企业分部互通、企业和运营商互通。

MP-BGP（multi-protocol BGP）为了对多种网络层协议提供支持才对 BGP-4 进行扩展，例如，MP-BGP 对 IPv6 单播网络的支持特性称为 BGP4+，对 IPv4 组播网络的支持特性称为 MBGP（multicast BGP）。

常见错点：版本号、AS 号、router-id、TCP 可达、互联地址和反射器等。

2　MPLS 排错

MPLS（multi-protocol label switching，多协议标签交换）与传统 IP 路由方式相比，在数据转发时，只在网络边缘分析 IP 报文头,在网络内部则采用更为高效的标签（label）转发，节约了处理时间。随着设备硬件性能不断提升，MPLS 在提高数据转发速度上的优势逐渐弱化，但其支持多层标签嵌套和设备内转控分离的特点，使其在 VPN、QoS 等新兴应用中得到广泛应用。

LDP 是多协议标签交换 MPLS 的一种控制协议，相当于传统网络中的信令协议，负责转发等价类 FEC（forwarding equivalence class）的分类、标签的分配以及标签交换路径（label switched path，LSP）的建立和维护等操作。

常见错点：MPLS LSR-ID 及其可达性、接口下是否开启 MPLS 功能及 MPLS LDP 功能。

3　MPLS VPN 排错

MPLS VPN 跨域 VPN-OptionA 方案是基本 BGP/MPLS IP VPN 在跨域环境下的应用，ASBR 之间不需要运行 MPLS，也不需要为跨域进行特殊配置。这种方式下，两个 AS 的边界路由器 ASBR 直接相连，ASBR 同时也是各自所在自治系统的 PE。两个 ASBR 都把对端 ASBR 看作自己的 CE 设备，使用 EBGP 方式向对端发布 IPv4 路由。

MPLS VPN 跨域 VPN-OptionB 方案中 ASBR 接收本域内和域外传过来的所有跨域 VPN-IPv4 路由，再把 VPN-IPv4 路由发布出去。但在 MPLS VPN 的基本实现中，PE 上只保存与本地 VPN 实例的 VPN Target 相匹配的 VPN 路由。因此，可以在 ASBR 上配置不做 RT 过滤来传递路由，因此无须在 ASBR 创建 VPN 实例，无须绑定任何接口。

MPLS VPN 跨域 VPN-OptionC 方案中 ASBR 通过 MP-IBGP 向各自 AS 内的 PE 设备发布标签 IPv4 路由，并将到达本 AS 内 PE 的标签 IPv4 路由通告给它在对端 AS 的 ASBR 对等体，过渡自治系统中的 ASBR 也通告带标签的 IPv4 路由。这样，在入口 PE 和出口 PE 之间建立一条 BGP LSP。

常见错点：VPN 实例的创建、export-RT 和 import-RT、实例与接口绑定等。

4　IP 组播排错

IP 组播技术有效解决了单播和广播在点到多点应用中的问题，组播源只发送一份数据，数据在网络节点间被复制、分发，且只发送给需要该信息的接收者。

PIM（protocol independent multicast，协议无关组播）直接利用单播路由表的路由信息进行组播报文 RPF 检查，创建组播路由表项，转发组播报文。

IGMP（internet group management protocol，因特网组管理协议）是 TCP/IP 协议族中负责 IP 组播成员管理的协议，它用来在接收者和与其直接相邻的组播路由器之间建立、维护组播组成员关系。

常见错点：PIM 邻居建立、PIM 模型、汇聚点 RP 等。

5　ACL 排错

ACL（access control list，访问控制列表）可以定义一系列不同的规则，设备根据这些规则对数据包进行分类，并针对不同类型的报文进行不同的处理，从而可以实现对网络访问行为的控制、限制网络流量、提高网络性能、防止网络攻击，同时可以作为匹配工具和动态路由协议结合实现路由过滤。

常见错点：ACL 编号、ACL 规则定义和处理动作等。

3.3.7 XX2 电信运营商网 AS200 排错分析

电信运营商网 AS200 包含 1 台主机（PC6）和 4 台路由器（R4、R5、R9、R23），R23 和 SITE 4 互联、R9 和 SITE 5 互联、R4 和 R5 分别与 AS100 内 R2 互联。AS200 常见错点有 IS-ISv6 错点和 MP-BGP、MPLS LDP、MPLS VPN 错点。

AS200 网络拓扑如图 3-13 所示。

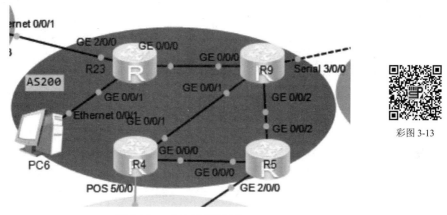

彩图 3-13

图 3-13　AS200 网络拓扑

常见错点分析如下。

1　IS-ISv6 排错

IS-ISv6（intermediate system to intermediate system version6，中间系统到中间系统版本 6）是在 IS-IS 基础上开发的用于 IPv6 网络的路由协议，基于 TLV 结构天然的扩展性特点，只需新增两种 TLV 来支持。

常见错点：开启多拓扑、area-id、system-id、路由器级别、接口级别、网络类型、接口未开启 IS-IS 功能和 DIS 选举优先级等。

2　MP-BGP、MPLS LDP、MPLS VPN 排错

MP-BGP、MPLS LDP、MPLS VPN 跨域（技术介绍和常见错点同 AS100，这里不再赘述）。

单元4 企业网建设项目设计

数字化转型促使IT和CT技术融合成ICT技术，路由交换技术广泛地应用在企业网建设与维护设计工程实践项目中，助力企业构建全球化运营模式，同时促进优秀民族企业实现"一带一路"发展，从而有利于增强文化自信，培养大国工匠精神。因此，ICT技术对数字经济发展有着重要的划时代意义。

本单元介绍常见的企业网建设与维护案例及相关技术应用。

学习指导

知识目标 ☞
- 掌握虚拟局域网VLAN、生成树STP防环、动态地址分配DHCP、Easy IP的工作原理。

能力目标 ☞
- 掌握常见企业网建设项目设计方法，VLAN、快速生成树RSTP、端口聚合Eth-Trunk技术、DHCP、静态路由、默认路由和动态路由及NAT技术等关键技术应用；
- 能独立设计企业网架构。

素质目标 ☞
- 锻炼独立分析问题和解决问题的能力，提升职业升迁能力；
- 增强文化自信，培养大国工匠精神。

重点难点 ☞
- 跨交换机场景、规模较大的企业网设计、VLAN之间三层通信、VRRP虚拟路由器冗余协议。

4.1

常见企业网建设项目设计案例

4.1.1　单交换机场景案例

项目背景与要求：为财务部创建 VLAN 10，PC1 和 PC2 为财务部 PC，连接在交换机的 Ethernet 0/0/1 和 Ethernet 0/0/2 端口；为项目部创建 VLAN 20，PC3 和 PC4 为项目部 PC，连接在交换机的 Ethernet 0/0/3 和 Ethernet 0/0/4 端口。实现两个部门内部 PC 可以通信，跨部门 PC 不能互相通信。单交换机场景案例拓扑如图 4-1 所示。

常见企业网建设
项目设计案例

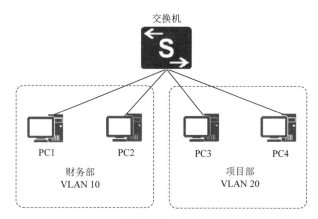

图 4-1　单交换机场景案例拓扑

1　配置过程

数据配置过程如下：

1）创建 VLAN 10 和 VLAN 20。

```
<Huawei>system-view
[Huawei]vlan batch 10 20
```

2）将连接 PC 的交换机端口配置为 Access 模式，并加入到相应的 VLAN 中，以 PC1 为例。

```
[Huawei]interface Ethernet 0/0/1
[Huawei-Ethernet0/0/1]port link-type access
[Huawei-Ethernet0/0/1]port default vlan 10
[Huawei-Ethernet0/0/1]quit
```

3）在交换机上使用 display port vlan 命令查看各端口的模式。

```
[Huawei]display port vlan
```

```
Port                    Link Type     PVID  Trunk VLAN List
-------------------------------------------------------------
Ethernet0/0/1           access        10    -
Ethernet0/0/2           access        10    -
Ethernet0/0/3           access        20    -
Ethernet0/0/4           access        20    -
Ethernet0/0/5           hybrid        1     -
-------------------------------------------------------------
```

2 配置验证

在 PC1 上使用 ping 命令测试各 PC 的连通性；此时，财务部的 PC 可以互相通信，与项目部的 PC 无法通信。

```
PC>ping 192.168.1.2
Ping 192.168.1.2: 32 data bytes, Press Ctrl_C to break
From 192.168.1.2: bytes=32 seq=1 ttl=128 time=63 ms
-------------------------------------------------------------
PC>ping 192.168.1.3
Ping 192.168.1.3: 32 data bytes, Press Ctrl_C to break
From 192.168.1.1: Destination host unreachable
-------------------------------------------------------------
PC>ping 192.168.1.4
 Ping 192.168.1.4: 32 data bytes, Press Ctrl_C to break
From 192.168.1.1: Destination host unreachable
-------------------------------------------------------------
```

4.1.2 跨交换机场景案例

项目背景与要求：以 Jan16 公司的财务部和项目部为例，为财务部创建 VLAN 10，PC1 和 PC2 为财务部 PC，连接在交换机 SW1 的 Ethernet 0/0/1 和交换机 SW2 的 Ethernet 0/0/1 端口；为项目部创建 VLAN 20，PC3 和 PC4 为项目部 PC，连接在交换机 SW1 的 Ethernet 0/0/2 和交换机 SW2 的 Ethernet 0/0/2 端口。配置交换机互联的端口模式为 Trunk，实现两个部门内部可以通信，跨部门的 PC 不能互相通信。

跨交换机场景案例拓扑如图 4-2 所示。

1 配置过程

数据配置过程如下：

1）在 SW1 和 SW2 上创建 VLAN 10 和 VLAN 20。

```
<Huawei>system-view
[Huawei]sysname SW1
[SW1]vlan batch 10 20
<Huawei>system-view
[Huawei]sysname SW2
```

```
[SW2]vlan batch 10 20
```

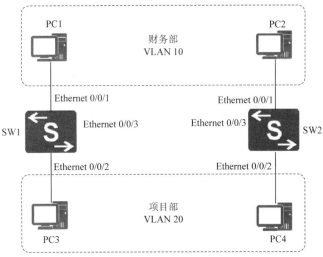

图 4-2 跨交换机场景案例拓扑

2）在 SW1 和 SW2 上，将连接 PC 的交换机端口配置为 Access 模式，并加入到相应的 VLAN 中。

```
[SW1]interface Ethernet 0/0/1
[SW1-Ethernet0/0/1]port link-type access
[SW1-Ethernet0/0/1]port default vlan 10
[SW1-Ethernet0/0/1]quit
[SW1]interface Ethernet 0/0/2
[SW1-Ethernet0/0/2]port link-type access
[SW1-Ethernet0/0/2]port default vlan 20
[SW1-Ethernet0/0/2]quit

[SW2]interface Ethernet 0/0/1
[SW2-Ethernet0/0/1]port link-type access
[SW2-Ethernet0/0/1]port default vlan 10
[SW2-Ethernet0/0/1]quit
[SW2]interface Ethernet 0/0/2
[SW2-Ethernet0/0/2]port link-type access
[SW2-Ethernet0/0/2]port default vlan 20
[SW2-Ethernet0/0/2]quit
```

3）将交换机 SW1 和 SW2 之间的端口配置为 Trunk 模式，并放行 VLAN 10 和 VLAN 20。

```
[SW1]interface Ethernet 0/0/3
[SW1-Ethernet0/0/3]port link-type trunk
[SW1-Ethernet0/0/3]port trunk allow-pass vlan 10 20
[SW1-Ethernet0/0/3]quit
```

```
[SW2]interface Ethernet 0/0/3
[SW2-Ethernet0/0/3]port link-type trunk
[SW2-Ethernet0/0/3]port trunk allow-pass vlan 10 20
[SW2-Ethernet0/0/3]quit
```

4) 在交换机上使用 display vlan 命令查看交换机已创建的 VLAN 信息。

```
[SW1]display vlan
The total number of vlans is : 4
---省略部分显示内容---
10   common  UT:Eth0/0/1(U)
              TG:Eth0/0/3(U)
20   common  UT:Eth0/0/2(U)
              TG:Eth0/0/3(U)
---省略部分显示内容---
```

2 配置验证

1) 在交换机上使用 display port vlan 命令查看各端口的模式。

```
[SW1]display port vlan
Port              Link Type     PVID  Trunk VLAN List
-------------------------------------------------------------
Ethernet0/0/1     access        10    -
Ethernet0/0/2     access        20    -
Ethernet0/0/3     trunk         1     1  10 20
Ethernet0/0/4     hybrid        1     -
Ethernet0/0/5     hybrid        1     -
-----------------省略部分显示内容-----------------------------
```

2) 配置 IP 地址后，测试连通性。

```
 PC>ping 192.168.1.2
Ping 192.168.1.2: 32 data bytes, Press Ctrl_C to break
From 192.168.1.2: bytes=32 seq=1 ttl=128 time=63 ms
-----------------省略部分显示内容-------------------------
PC>ping 192.168.1.3
Ping 192.168.1.3: 32 data bytes, Press Ctrl_C to break
From 192.168.1.1: Destination host unreachable
-----------------省略部分显示内容-------------------------
PC>ping 192.168.1.4
Ping 192.168.1.4: 32 data bytes, Press Ctrl_C to break
From 192.168.1.1: Destination host unreachable
-----------------省略部分显示内容-------------------------
```

4.1.3 规模较小的企业网设计案例（数据配置见后续项目）

在进行企业网设计时，对于网络规模较小的公司，大多会采用扁平化树形结构来设计。

根据业务发展需求将各个部门划分在不同的业务 VLAN 中，将不同的业务 VLAN 接入核心交换机，通过交换机连接出口路由器，再与 Internet 相连接。

规模较小的企业网设计拓扑如图 4-3 所示。

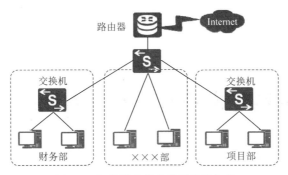

图 4-3　规模较小的企业网设计拓扑

4.1.4　规模较大的企业网设计案例（数据配置见后续项目）

对于网络规模较大的公司，可采用分层设计，将网络划分为核心层、汇聚层和接入层三个层级，每个层级的交换机均采用星形方式与下一层级的交换机建立连接。

规模较大的企业网设计拓扑如图 4-4 所示。

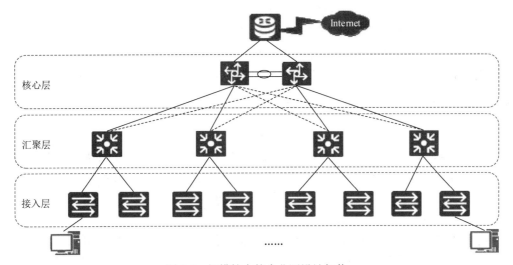

图 4-4　规模较大的企业网设计拓扑

分层设计说明如下。

1）核心层：也称为骨干层，是网络中所有流量的最终汇聚点，通常由两台高性能交换机构成，实现网络的可靠性、稳定性和高速传输。

2）汇聚层：位于接入层和核心层之间，它是多台接入层交换机的汇聚点，并通过流量控制策略对企业网中的流量转发进行优化。近年来，核心层交换机处理能力越来越强，为更高效地监控网络状况，通常不再设置汇聚层，而是由接入层直接连接核心层，形成大二层网络结构。

3）接入层：它允许终端用户直接接入到网络中，接入层交换机具有低成本和高端口密度的特征。

4.2 企业网建设项目关键技术应用

在企业网建设中经常会用到交换机端口类型、VLAN 技术、链路集合、交换防环路二层交换技术和路由器选路、路由协议三层路由技术，还会涉及企业网出口设计，以及远程管理广域网应用等关键技术，下面就举例讲解具体技术应用。

4.2.1 VLAN 技术应用

VLAN 技术应用

1 交换机端口分类

交换机端口分为三类：Access 端口、Trunk 端口和 Hybrid 端口。

Access 端口用于连接计算机等终端设备，只能属于一个 VLAN，也就是只能传输一个 VLAN 的数据。Trunk 端口用于连接交换机等网络设备，它允许传输多个 VLAN 的数据。Hybrid 接口是华为系列交换机端口的默认工作模式，它能够接收和发送多个 VLAN 的数据帧，可以用于连接交换机之间的链路，也可以用于连接终端设备。

2 交换机端口对数据帧的处理形式

交换机端口对数据帧的处理有三种形式：

1）Access 端口在发送出站数据帧之前，会判断数据帧中携带的 VLAN ID 是否与出站端口的 PVID 相同，若相同则去掉 VAN 标签进行转发；若不同则丢弃。

2）Trunk 端口在发送出站数据帧之前，会判断数据帧中携带的 VLAN ID 是否与出站端口的 PVID 相同，若相同则去掉 VLAN 标签进行转发；若不同则判断本端口是否允许传输这个数据帧的 VLAN ID，若允许则转发（保留原标签），否则丢弃。

3）Hybrid 接口兼具 Access 接口和 Trunk 接口的特征，在实际应用中，可以根据对端接口工作模式自动适配工作。

3 VLAN 的功能与原理

1）VLAN 功能：隔离广播域，限制广播域的范围，减少广播流量。

2）VLAN 的原理是同一个 VLAN 内的主机共享同一个广播域，同一个 VLAN 可以直接进行二层通信，VLAN 间的主机属于不同的广播域，VLAN 间的主机无法实现二层通信。

4　VLAN 的划分方法

VLAN 划分方法有五种：

1）基于端口划分。

2）基于 MAC 地址划分。

3）基于 IP 子网划分。

4）基于协议划分。

5）基于策略划分。

5　VLAN 的添加与删除

创建 VLAN：执行 vlan <vlan-id>命令。

创建多个连续 VLAN：执行 vlan batch{vlan-id1[to vlan-id2]}命令。

创建多个不连续 VLAN：执行 vlan batch{ vlan-id1 vlan-id2 }命令。

VLAN 创建举例：为交换机创建 VLAN 10、VLAN 20 和 VLAN 30。

```
[Huawei]vlan 10
[Huawei]vlan batch 20 30
```

6　端口类型的配置

1）配置 Access 端口，执行 port link-type access 命令。

2）配置 Trunk 端口，执行 port link-type trunk 命令。

7　VLAN 配置举例

将交换机的 Ethernet 0/0/1 端口修改为 Access 模式，并配置端口的 PVID 为 VLAN 10，同时将交换机的 Ethernet 0/0/2 端口修改为 Trunk 模式，配置允许 VLAN 10、VLAN 20 通过。具体数据配置如下：

```
[Huawei]interface Ethernet 0/0/1
[Huawei-Ethernet0/0/1]port link-type access
[Huawei-Ethernet0/0/1]port default vlan 10
[Huawei-Ethernet0/0/1]quit
[Huawei]interface Ethernet 0/0/2
[Huawei-Ethernet0/0/2]port link-type trunk
[Huawei-Ethernet0/0/2]port trunk allow-pass vlan 10 20
```

使用 display vlan 命令查看交换机已创建的 VLAN 信息：

```
[Huawei]display vlan
1  common  UT:Eth0/0/2(D) Eth0/0/3(D)  Eth0/0/4(D) Eth0/0/5(D)
                Eth0/0/6(D) Eth0/0/7(D)  Eth0/0/8(D) Eth0/0/9(D)
```

```
             Eth0/0/10(D)Eth0/0/11(D)Eth0/0/12(D)  Eth0/0/13(D)
             Eth0/0/14(D)Eth0/0/15(D)Eth0/0/16(D)  Eth0/0/17(D)
             Eth0/0/18(D)Eth0/0/19(D)Eth0/0/20(D)  Eth0/0/21(D)
             Eth0/0/22(D) GE0/0/1(D)    GE0/0/2(D)
   10  common UT:Eth0/0/1(D)
             TG:Eth0/0/2(D)
   20  common TG:Eth0/0/2(D)
   30  common
```

4.2.2 Eth-Trunk 链路聚合技术应用

链路聚合就是将多个以太网链路捆绑为一条逻辑的以太网链路。在采用通过多条以太网链路连接两台设备的链路聚合设计方案时,所有链路的带宽都可以充分用来转发两台设备之间的流量,如果使用三层链路连接两台设备,这种方案可以起到节省 IP 地址的作用。

Eth-Trunk 链路聚合技术应用

链路聚合有两种模式,即手动模式和动态协商模式。

(1) 手动模式

采用 Eth-Trunk 手动模式时,设备执行链路捆绑,采用负载均衡的方式通过捆绑的链路发送数据;某条线路出现故障后,Eth-Trunk 手动模式会使用其他链路发送数据。

(2) 动态协商模式

动态协商模式也称为链路聚合控制协议(link aggregation control protocol,LACP)模式。该模式为建立链路聚合的设备之间提供协商和维护这条 Eth-Trunk 的标准,在两边的设备上创建 Eth-Trunk 逻辑端口,将此端口配置为 LACP 模式,把需要捆绑的物理端口添加到这个 Eth-Trunk 中。

链路聚合数据配置案例如下。

(1) 手动模式应用配置案例

手动配置链路聚合如图 4-5 所示。通过手动方式配置交换机 SW1 和 SW2 的 GE 0/0/1 和 GE 0/0/2 的端口进行链路聚合。

图 4-5 手动配置链路聚合

配置过程如下:

```
[SW1]interface eth-trunk 1      //创建并进入 Eth-Trunk 接口,编号为 1
[SW1-Eth-Trunk1]trunkport GigabitEthernet0/0/1 to 0/0/2
                          //向 Eth-Trunk 接口中添加成员口
[SW1-Eth-Trunk1]port link-type trunk
[SW1-Eth-Trunk1]port trunk allow-pass vlan all
[SW2]interface eth-trunk 1
```

```
[SW2-Eth-Trunk1]trunkport GigabitEthernet0/0/1 to 0/0/2
[SW2-Eth-Trunk1]port link-type trunk
[SW2-Eth-Trunk1]port trunk allow-pass vlan all
```

（2）LACP 模式应用配置案例

LACP 配置链路聚合如图 4-6 所示。通过 LACP 方式配置交换机 SW1 和 SW2 的 GE 0/0/1 和 GE 0/0/2 的端口进行链路聚合。

图 4-6　LACP 配置链路聚合

配置过程如下：

```
[SW1]interface Eth-Trunk 2
[SW1-Eth-Trunk2]mode lacp-static              //启用 LACP 工作模式
[SW1-Eth-Trunk2]trunkport GigabitEthernet0/0/1 to 0/0/2
[SW2]interface Eth-Trunk 2
[SW2-Eth-Trunk2]mode lacp-static
[SW2-Eth-Trunk2]trunkport GigabitEthernet0/0/1 to 0/0/2
```

配置验证如下：使用 display eth-trunk 2 命令来检查这个 Eth-Trunk 以及成员口的状态。

```
[SW1]display eth-trunk 2
Eth-Trunk 2's state information is:
……
Operate status: up          Number of Up Port In Trunk: 2
----------------------------------------------------------------
ActorPortName    Status  PortType PortPri  PortNo  PortKey  PortState
Weight
  G0/0/1         Selected 1GE      32768    2       7729    10111100 1
  G0/0/2         Selected 1GE      32768    3       7729    10111100 1
Partner:
----------------------------------------------------------------
ActorPortName    SysPri   SystemID          PortPri  PortNo  PortKey
PortState
  G0/0/1         32768    4c1f-cc75-3550 32768   2       7729    10111100
  G0/0/2         32768    4c1f-cc75-3550 32768   3       7729    10111100
```

将 SW1 设置为主动端，将接口优先级最低的接口设置为备用接口。LACP 系统优先级配置：将 SW1 设置为主动端，并将它的 LACP 系统优先级设置为 3000。

```
[SW1]lacp priority 3000
[SW1]display eth-trunk 2
Eth-Trunk 2's state information is:
Local:
LAG ID:2                      WorkingMode: STATIC
```

```
            Preempt Delay: Disabled       Hash arithetic: According to SIP-XOR-DIP
            System Priority: 3000         System ID: 4cbf-ecc1-344a
            Least Active-linknumber: 1    Max Active-linknumber: 8
            Operate status: up            Number of Up Port In Trunk: 2
            ActorPortName  Status  PortType  PortPri  PortNo  PortKey  PortState
Weight
            G0/0/1         Selected  1GE      32768     2      7729   10111100    1
            G0/0/2         Selected  1GE      32768     3      7729   10111100    1
```

LACP 接口优先级配置。

```
    [SW1]interface GigabitEthernet0/0/1
    [SW1-GigabitEthernet0/0/1]lacp priority 1000
    [SW1-GigabitEthernet0/0/1]interface GigabitEthernet0/0/2
    [SW1-GigabitEthernet0/0/2]lacp priority 2000
    [SW1-GigabitEthernet0/0/2]quit
    [SW1]display eth-Trunk 2
    Eth-Trunk 2's state information is:
    Local:
    LAG ID:2                      WorkingMode:  STATIC
    Preempt Delay: Disabled       Hash arithetic: According to SIP-XOR-DIP
    System Priority: 2000         System ID: 4cbf-ecc1-344a
    Least Active-linknumber: 1    Max Active-linknumber: 8
    Operate status: up            Number of Up Port In Trunk: 2
    ----------------------------------------------------------------------
    ActorPortName  Status  PortType  PortPri  PortNo  PortKey  PortState
Weight
    G0/0/1         Selected  1GE       1000      2      7729   10111100    1
    G0/0/2         Selected  1GE       2000      3      7729   10111100    1
```

Eth-Trunk 中活动接口的数量配置。

```
    [SW1]interface eth-trunk 2
    [SWI-Eth-Trunk2]max active-linknumber 1   //配置活动接口的数量为1
    [SWI-Eth-Trunk2]quit
    [SWI]display eth-trunk 2
    Eth-Trunk 2's state information is:
    Local:
    LAG ID:2                      WorkingMode:  STATIC
    Preempt Delay: Disabled       Hash arithetic: According to SIP-XOR-DIP
    System Priority: 2000         System ID: 4cbf-ecc1-344a
    Least Active-linknumber: 1    Max Active-link number: 1
    Operate status: up            Number of Up Port In Trunk: 1
    ActorPortName  Statu  PortType  PortPri  PortNo  PortKey  PortState
Weight
    G0/0/1         Selected  1GE      1000      2      7729   10111100    1
    G0/0/2         Unselect  1GE      2000      3      7729   10111100    1
```

注意

GE 0/0/2 LACP 接口优先级最低的接口成为备用接口（lacp priority 2000）。

使用 shutdown 命令在 SW1 上关闭 GE 0/0/1 接口来模拟接口物理故障，查看抢占结果。

```
[SW1]interface GigabitEthernet0/0/1
[SW1-GigabitEthernet0/0/1]shutdown
[SW1-GigabitEthernet0/0/1]quit
[SW1]display eth-Trunk 2
Eth-Trunk 2's state information is:
Local:
LAG ID:2                          WorkingMode: STATIC
Preempt Delay: Disabled           Hash arithetic:According to SIP-XOR-DIP
System Priority: 2000             System ID: 4cbf-ecc1-344a
Least Active-linknumber: 1        Max Active-linknumber: 1
Operate status: up                Number of Up Port In Trunk: 1

ActorPortName Status PortType PortPri PortNo PortKey PortState Weight
G0/0/1        Unselect 1GE     1000      2    7729   10111100    1
G0/0/2        Selected 1GE     2000      3    7729   10111100    1
```

LACP 的抢占功能验证。

```
[SW1]interface GigabitEthernet0/0/1
[SW1]interface Eth-Trunk 2
[SW1-Eth-Trunk2]lacp preempt enable           //启用抢占功能
[SW1-Eth-Trunk2]lacp preempt delay 10         //抢占延迟时间为10s
[SW1-GagibitEthernet0/0/1]undo shutdown
[SW1]display eth-trunk 2
Eth-Trunk 2's state information is:
Local:
LAG ID:2                          WorkingMode: STATIC
Preempt Delay Time: 10            Hash arithetic:According to SIP-XOR-DIP
System Priority: 2000             System ID: 4cbf-ecc1-344a
Least Active-linknumber: 1        Max Active-link number: 1
Operate status: up                Number of Up Port In Trunk: 1

ActorPortName Status PortType PortPri PortNo PortKey PortState
Weight
G0/0/1        Selected 1GE     1000      2    7729   10111100    1
G0/0/2        Unselect 1GE     2000      3    7729   10111100    1
```

 注意

G0/0/1 成功抢占成为活动接口。

4.2.3　STP 防环技术应用

在企业网建设中为了解决冗余链路引起的问题，采用生成树协议（spanning tree protocol，STP）在交换机上运行，使冗余端口置于"阻塞状态"，使得网络在通信时只有一条链路生效。当这个链路出现故障时，STP 将会重新计算出网络的最优链路，将处于"阻塞状态"的端口重新打开，从而确保网络连接稳定可靠。

STP 防环技术应用

STP 定义了根桥（root bridge）、根端口（root port，RP）、指定端口（designated port，DP）和路径开销（path cost），通过构造一棵自然树的方法达到阻塞冗余环路的目的，同时实现链路备份和路径最优化。

生成树的生成过程如下。

1）选举根桥，作为整个网络的根。

2）确定根端口，确定非根桥与根桥连接最优的端口。

3）确定指定端口，确定每条链路与根桥连接最优的端口。

4）阻塞备用端口（alternate port，AP），形成一个无环网络。

1　STP 配置

项目背景与要求：根据如图 4-7 所示的 STP 拓扑配置 STP 完成网络环路。

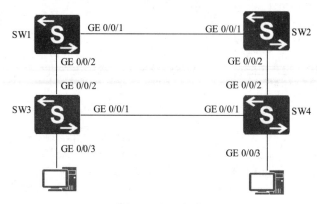

图 4-7　STP 拓扑

（1）配置思路

1）配置 STP 模式。

2）指定根桥。

3）指定备份根桥（可选）。

（2）配置过程

数据配置过程如下：

1）配置 SW1 上生成树工作模式为 STP。

```
<Huawei>system-view
```

```
[Huawei]sysname S1
[SW1]stp mode stp
```

2）配置 SW2 上生成树工作模式为 STP。

```
<Huawei>system-view
[Huawei]sysname S2
[SW2]stp mode stp
```

3）配置 SW3 上生成树工作模式为 STP。

```
<Huawei>system-view
[Huawei]sysname S3
[SW3]stp mode stp
```

4）配置 SW4 上生成树工作模式为 STP。

```
<Huawei>system-view
[Huawei]sysname S4
[SW4]stp mode stp
```

5）配置 SW1 为根桥。

```
[SW1]stp root primary
```

6）配置 SW2 为备份根桥。

```
[SW2]stp root secondary
```

（3）配置验证

1）在 SW1 上使用 display stp brief 命令查看 STP 的简要信息。

```
[SW1]display stp brief
 MSTID  Port                     Role  STP State     Protection
   0    GigabitEthernet0/0/1     DESI  FORWARDING    NONE
        0    GigabitEthernet0/0/2 DESI  FORWARDING   NONE
```

2）在 SW4 上查看 STP 的简要信息。

```
[SW4]display stp brief
 MSTID  Port                   Role  STP State     Protection
   0    GigabitEthernet0/0/1   ALTE  DISCARDING    NONE
   0    GigabitEthernet0/0/2   ROOT  FORWARDING    NONE
   0    GigabitEthernet0/0/3   DESI  FORWARDING    NONE
```

调节 STP 计时器参数。

配置 SW1 的 BPDU Max Age 为 6s，Forward Delay Timer 为 4s：

```
[SW1]stp timer max-age 600
[SW1]stp timer forward-delay 400
```

配置 SW2 的 BPDU Max Age 为 6s，Forward Delay Timer 为 4s：

```
[SW2]stp timer max-age 600
[SW2]stp timer forward-delay 400
```

配置 SW3 的 BPDU Max Age 为 6s，Forward Delay Timer 为 4s：

```
[SW3]stp timer max-age 600
[SW3]stp timer forward-delay 400
```

配置 SW4 的 BPDU Max Age 为 6s，Forward Delay Timer 为 4s：

```
[SW4]stp timer max-age 600
[SW4]stp timer forward-delay 400
```

3）在 SW1 上使用 display stp 命令，查看 STP 的状态信息。

```
[SW1]dis stp
-------[CIST Global Info][Mode STP]-------
CIST Bridge        :0   .4c1f-cc03-16b8
Config Times       :Hello 1s MaxAge 6s FwDly 4s MaxHop 20
Active Times       :Hello 1s MaxAge 6s FwDly 4s MaxHop 20
CIST Root/ERPC     :0   .4c1f-cc03-16b8 / 0
CIST RegRoot/IRPC  :0   .4c1f-cc03-16b8 / 0
---省略部分显示内容---
```

说明

1）默认情况下，交换机是启用了 STP 功能的。如果 STP 处于关闭状态，需要首先在系统视图下使用 stp enable 命令启用 STP 功能。

2）stp mode{ mstp|rstp|stp}命令用来配置设备 STP 的工作模式。工作模式分别为 MSTP、RSTP、STP，默认模式为 MSTP。

2 RSTP 应用

RSTP 在 STP 的基础上增加了两种端口角色：替代（alternate）端口和备份（backup）端口。因此，在 RSTP 中共有四种端口角色：根端口、指定端口、替代端口和备份端口。如果设备的根端口发生故障，那么替代端口可以成为新的根端口，这加快了网络的收敛过程。

项目背景与要求：在交换机 SW1、SW2、SW3、SW4 上部署 RSTP。要求完成配置后交换机 SW4 的 GE 0/0/20 端口被阻塞，配置完成后在交换机 SW4 上查看 STP 端口状态和 GE 0/0/20 的端口详细信息并进行验证。RSTP 拓扑如图 4-8 所示。

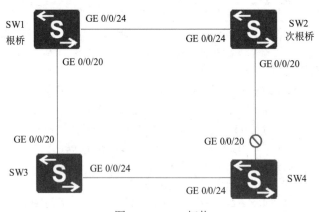

图 4-8　RSTP 拓扑

（1）配置过程

数据配置过程如下。

配置交换机 SW1：

```
<Huawei>system-view
[Huawei]sysname SW1
[SW1]stp mode rstp
[SW1]stp root primary
```

配置交换机 SW2：

```
<Huawei>system-view
[Huawei]sysname SW2
[SW2]stp mode rstp
[SW2]stp root secondary
```

配置交换机 SW3：

```
<Huawei>system-view
[Huawei]sysname SW3
[SW3]stp mode rstp
```

配置交换机 SW4：

```
<Huawei>system-view
[Huawei]sysname SW4
[SW4]stp mode rstp
[SW4]interface GigabitEthernet 0/0/20
[SW4-GigabitEthernet0/0/20]stp cost 100000
```

（2）配置验证

1）查看交换机 SW4 的 STP 端口状态。

```
[SW4]display stp brief
MSTID    Port            Role        STP State       Protection
0        G0/0/20         ALTE        DISCARDING      NONE
0        G0/0/24         ROOT        FORWARDING      NONE
```

2）查看交换机 SW4 的 GE 0/0/20 的端口详细信息。

```
[SW4]display stp interface GigabitEthernet 0/0/20
-------[CIST Global Info][Mode RSTP]-------
CIST Bridge        :32768.4c1f-cc3e-291d
---省略部分显示内容---
CIST RootPortId    :128.24
BPDU-Protection    :Disabled
TC or TCN received :33
TC count per hello :0
STP Converge Mode  :Normal
Time since last TC :0 days 0h:0m:42s
Number of TC       :12
Last TC occurred   :GigabitEthernet0/0/24
----[Port20(GigabitEthernet0/0/20)][DISCARDING]----
---省略部分显示内容---
```

4.2.4　路由技术应用

1　路由协议的分类

路由设备之间要相互通信,需通过路由协议来相互学习,以构建一个到达其他设备的路由信息表,然后才能根据路由表实现 IP 数据包的转发。路由协议的常见分类如下:

路由技术应用

1)根据不同路由算法分类,可分为距离矢量路由协议和链路状态路由协议。

2)根据不同的工作范围,可分为内部网关协议（IGP）和外部网关协议（EGP）。

3)根据手动配置或自动学习两种不同的方式建立路由表,可分为静态路由协议和动态路由协议。

2　路由表的来源

路由表是存储在路由器或联网计算机中的电子表格或类数据库,由设备自动发现、手动配置或通过动态路由协议生成。

1)直连路由:把设备自动发现的路由信息称为直连路由（direct route）。

2)静态路由:把手动配置的路由信息称为静态路由（static route）。

3)动态路由:把网络设备通过运行动态路由协议而得到的路由信息称为动态路由（dynamic route）。

3　路由优先级

设备上的路由优先级一般都有默认值,不同厂家的设备对于优先级的默认值可能不同。路由类型与优先级默认值的对应关系如表 4-1 所示。

表 4-1　路由类型与优先级默认值的对应关系

路由类型	优先级的默认值
直连路由	0
OSPF	10
静态路由	60
RIP	100
BGP	255

4　静态路由技术应用

在路由器 R1 和路由器 R2 上配置静态路由,实现网络互联互通。静态路由配置如图 4-9 所示。

（1）配置思路

1)在路由器 R1 上配置一条静态路由,目的地/掩码为 3.3.3.0/24,出接口为 GE 1/0/2,

下一跳 IP 地址为 1.1.1.2。

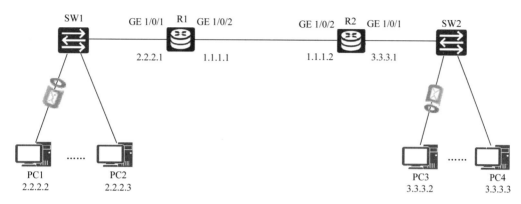

图 4-9　静态路由配置

2)在路由器 R2 上配置一条静态路由,目的地/掩码为 2.2.2.0/24,出接口为 GE 1/0/2,下一跳 IP 地址为 1.1.1.1。

（2）配置过程

配置路由器 R1:

```
<Huawei>system-view
[Huawei]sysname R1
[R1]ip route-static 3.3.3.0 24 1.1.1.2
```

配置路由器 R2:

```
<Huawei>system-view
[Huawei]sysname R2
[R2]ip route-static 2.2.2.0 24 1.1.1.1
```

（3）配置验证

在路由器 R1 系统视图状态下输入 display ip routing-table 命令查看其路由表。

```
[R1]display ip routing-table
Route Flags: R - relay, D - download to fib
--------------------------------------------------------------
Destination/Mask  Proto   Pre Cost   Flags NextHop      Interface
2.2.2.0/24        Direct  0   0      D     2.2.2.1      G1/0/1
2.2.2.1/32        Direct  0   0      D     127.0.0.1    InLoopBack0
3.3.3.0/24        Static  60  0      D     1.1.1.2      G1/0/2
1.1.1.0/24        Direct  0   0      D     127.0.0.1    G1/0/2
1.1.1.1/32        Direct  0   0      D     127.0.0.1    InLoopBack0
......
```

（4）默认路由

把目的地/掩码为 0.0.0.0/0 的路由称为默认路由（default route）。

如果网络设备的路由表中存在默认路由,那么当一个待发送或待转发的 IP 报文不能匹配 IP 路由表中的任何非默认路由时,就会根据默认路由来进行发送或转发。

如果网络设备的 IP 路由表中不存在默认路由，那么当一个待发送或待转发的 IP 报文不能匹配 IP 路由表中的任何路由时，该 IP 报文就会被直接丢弃。

5 默认路由技术应用

路由器 R3 是因特网服务提供者（ISP）路由器，并且假设路由器 R3 上已经有了通往 Internet 的路由。要求管理员配置路由器，实现所有的 PC 都能够互通，并且都能够访问 Internet。默认路由配置如图 4-10 所示。

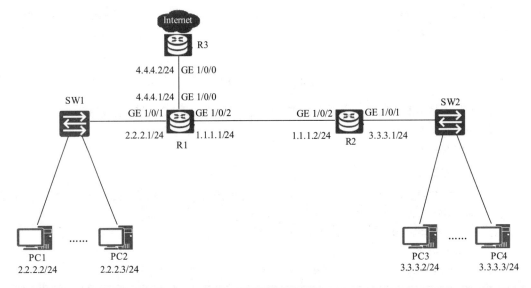

图 4-10 默认路由配置

（1）配置思路

在路由器 R1 上配置一条静态路由，目的地/掩码为 3.3.3.0/24，下一跳地址为路由器 R2 的 GE 1/0/2 接口的 IP 地址 1.1.1.2，出接口为路由器 R1 的 GE 1/0/2 接口。另外，在路由器 R1 上配置一条默认路由，该默认路由的下一跳地址为路由器 R3 的 GE 1/0/0 接口的 IP 地址 4.4.4.2，出接口为路由器 R1 的 GE 1/0/0 接口。

在路由器 R2 上配置一条默认路由，该默认路由的下一跳地址为路由器 R1 的 GE 1/0/2 接口的 IP 地址 1.1.1.1，出接口为路由器 R2 的 GE 1/0/2 接口。

在路由器 R3 上配置一条默认路由，下一跳 IP 地址均为路由器 R1 的 GE 1/0/0 接口的 IP 地址 4.4.4.1，出接口均为路由器 R3 的 GE 1/0/0 接口。

（2）配置过程

配置路由器 R1：

```
<Huawei>system-view
[Huawei]sysname R1
[R1]ip route-static 3.3.3.0 24 1.1.1.2    //配置静态路由
[R1]ip route-static 0.0.0.0 0 4.4.4.2     //配置默认路由
```

配置路由器 R2：

```
<Huawei>system-view
[Huawei]sysname R2
[R2]ip route-static 0.0.0.0 0 1.1.1.1       //配置默认路由
```

配置路由器 R3：

```
<Huawei>system-view
[Huawei]sysname R3
[R3]ip route-static 0.0.0.0 0 4.4.4.1       //配置默认路由
```

（3）配置验证

完成以上配置后，在路由器 R1 系统视图状态下输入 display ip routing-table 命令查看其路由表。从输出结果显示可以看出，路由器 R1 的路由表中已经有了一条默认路由。

```
[R1]display ip routing-table
Route Flags: R - relay, D - download to fib
------------------------------------------------------------
Destination/Mask  Proto   Pre  Cost  Flags  NextHop    Interface
0.0.0.0/24        Static  60   0     RD     4.4.4.2    G1/0/0
2.2.2.0/24        Direct  0    0     D      2.2.2.1    G1/0/1
2.2.2.1/32        Direct  0    0     D      127.0.0.1  InLoopBack0
3.3.3.0/24        Static  60   0     D      1.1.1.2    G1/0/2
1.1.1.0/24        Direct  0    0     D      127.0.0.1  G1/0/2
1.1.1.1/32        Direct  0    0     D      127.0.0.1  InLoopBack0
```

6　静态路由汇总

将多个路由条目进行汇总的方式称为路由汇总。

R1 有四条静态路由，分别去往目的地 172.16.1.0/24、172.16.2.0/24、172.16.3.0/24、172.16.4.0/24。汇总前的静态路由如图 4-11 所示。

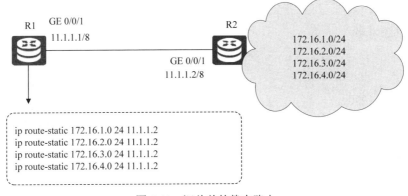

图 4-11　汇总前的静态路由

经过 R1 汇总后的静态路由如图 4-12 所示。

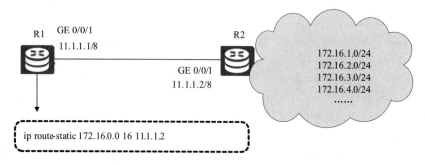

图 4-12　汇总后的静态路由

7　浮动静态路由及负载均衡技术应用

路由器 R1 模拟某公司总部，路由器 R2 与路由器 R3 模拟两个分部，主机 PC1 与 PC2 所在的网段分别模拟两个分部中的办公网络。现需要总部与各个分部、分部与分部之间都能够通信，且分部之间在通信时，直连链路为主用链路，通过总部的链路为备用链路。本项目要求使用浮动静态路由实现路由备份，并可以通过调整优先级的值实现路由器 R2 到 12.1.1.0/24 网络的负载均衡。浮动静态路由及负载均衡的拓扑如图 4-13 所示。

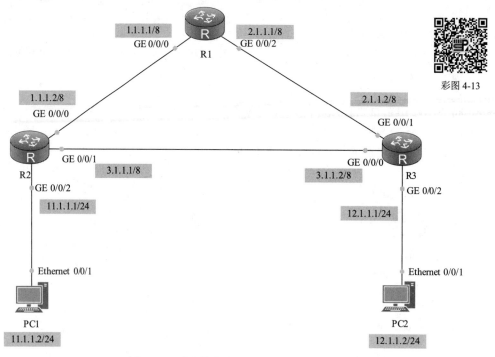

彩图 4-13

图 4-13　浮动静态路由及负载均衡的拓扑

（1）实践业务规划

根据以上实践业务拓扑和需求对本项目 IP 地址进行规划，如表 4-2 所示。

表 4-2　IP 地址规划

设备名称	端口	IP 地址
R1	GE 0/0/0	1.1.1.1/8
	GE 0/0/2	2.1.1.1/8
R2	GE 0/0/0	1.1.1.2/8
	GE 0/0/1	3.1.1.1/8
	GE 0/0/2	11.1.1.1/24
R3	GE 0/0/0	3.1.1.2/8
	GE 0/0/1	2.1.1.2/8
	GE 0/0/2	12.1.1.1/24

（2）实验配置

配置路由器 R1：

```
#
interface GigabitEthernet0/0/0
 ip address 1.1.1.1 255.0.0.0
#
#
interface GigabitEthernet0/0/2
 ip address 2.1.1.1 255.0.0.0
#
ip route-static 11.1.1.0 255.255.255.0 1.1.1.2
ip route-static 12.1.1.0 255.255.255.0 2.1.1.2
#
```

配置路由器 R2：

```
#
interface GigabitEthernet0/0/0
 ip address 1.1.1.2 255.0.0.0
#
interface GigabitEthernet0/0/1
 ip address 3.1.1.1 255.0.0.0
#
interface GigabitEthernet0/0/2
 ip address 11.1.1.1 255.255.255.0
#
ip route-static 12.1.1.0 255.255.255.0 1.1.1.1 preference 100
ip route-static 12.1.1.0 255.255.255.0 3.1.1.2
#
```

配置路由器 R3：

```
#
interface GigabitEthernet0/0/0
 ip address 3.1.1.2 255.0.0.0
#
interface GigabitEthernet0/0/1
```

```
 ip address 2.1.1.2 255.0.0.0
#
interface GigabitEthernet0/0/2
 ip address 12.1.1.1 255.255.255.0
#
ip route-static 11.1.1.0 255.255.255.0 2.1.1.1 preference 100
ip route-static 11.1.1.0 255.255.255.0 3.1.1.1
#
```

（3）实验验证及截图

1）在路由器 R2 系统视图状态下输入 display ip routing-table 命令查看其路由表。R2 路由表验证截图如图 4-14 所示。

```
[R2]dis ip routing-table
Route Flags: R - relay, D - download to fib
--------------------------------------------------------------------------------
Routing Tables: Public
         Destinations : 14       Routes : 14

Destination/Mask     Proto   Pre  Cost      Flags NextHop        Interface

       1.0.0.0/8     Direct  0    0         D     1.1.1.2        GigabitEthernet
0/0/0
       1.1.1.2/32    Direct  0    0         D     127.0.0.1      GigabitEthernet
0/0/0
    1.255.255.255/32 Direct  0    0         D     127.0.0.1      GigabitEthernet
0/0/0
       3.0.0.0/8     Direct  0    0         D     3.1.1.1        GigabitEthernet
0/0/1
       3.1.1.1/32    Direct  0    0         D     127.0.0.1      GigabitEthernet
0/0/1
    3.255.255.255/32 Direct  0    0         D     127.0.0.1      GigabitEthernet
0/0/1
      11.1.1.0/24    Direct  0    0         D     11.1.1.1       GigabitEthernet
0/0/2
      11.1.1.1/32    Direct  0    0         D     127.0.0.1      GigabitEthernet
0/0/2
    11.1.1.255/32    Direct  0    0         D     127.0.0.1      GigabitEthernet
0/0/2
      12.1.1.0/24    Static  60   0         RD    3.1.1.2        GigabitEthernet
0/0/1
     127.0.0.0/8     Direct  0    0         D     127.0.0.1      InLoopBack0
     127.0.0.1/32    Direct  0    0         D     127.0.0.1      InLoopBack0
 127.255.255.255/32  Direct  0    0         D     127.0.0.1      InLoopBack0
 255.255.255.255/32  Direct  0    0         D     127.0.0.1      InLoopBack0
```

图 4-14　R2 路由表验证截图

2）通过对路由器 R2 执行 display ip routing-table protocol static 命令查看优先级为 100 的路由条目。R2 路由条目验证截图如图 4-15 所示。

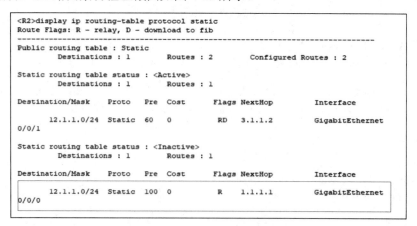

```
<R2>display ip routing-table protocol static
Route Flags: R - relay, D - download to fib
--------------------------------------------------------------------------------
Public routing table : Static
         Destinations : 1        Routes : 2        Configured Routes : 2

Static routing table status : <Active>
         Destinations : 1        Routes : 1

Destination/Mask     Proto   Pre  Cost      Flags NextHop        Interface

      12.1.1.0/24    Static  60   0         RD    3.1.1.2        GigabitEthernet
0/0/1

Static routing table status : <Inactive>
         Destinations : 1        Routes : 1

Destination/Mask     Proto   Pre  Cost      Flags NextHop        Interface

      12.1.1.0/24    Static  100  0         R     1.1.1.1        GigabitEthernet
0/0/0
```

图 4-15　R2 路由条目验证截图

4.2.5　OSPF 路由协议在企业网设计中的应用

OSPF 路由协议在企业
网设计中的应用

1　OSPF 概念

OSPF 协议是一个链路状态内部网关路由协议，运行 OSPF 协议
的路由器会将自己拥有的链路状态信息，通过启用了 OSPF 协议的接口发送给其
他 OSPF 设备，同一个 OSPF 区域中的每台设备都会参与链路状态信息的创建、发送、
接收与转发，直到这个区域中的所有 OSPF 设备获得了相同的链路状态信息为止。

2　OSPF 区域概念

一个 OSPF 网络可以被划分成多个区域（area），如果一个 OSPF 网络只包含一个区
域，则这样的 OSPF 网络称为单区域 OSPF 网络。如果一个 OSPF 网络包含多个区域，
则这样的 OSFT 网络称为多区域 OSPF 网，如图 4-16 所示。

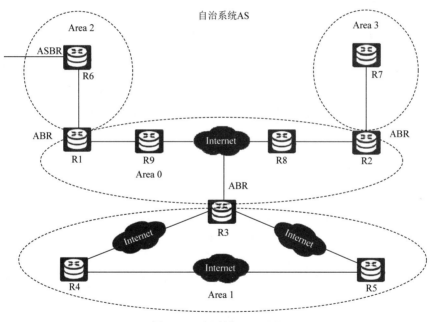

图 4-16　多区域 OSPF 网

3　LSA

OSPF 是一种基于链路状态的路由协议，链路状态也指路由器的接口状态，其核
心思想是，每台路由器都将自己的各个接口的接口状态（链路状态）共享给其他路由
器。在此基础上，每台路由器就可以依据自身的接口状态和其他路由器的接口状态计
算出去往各个目的地的路由。路由器的链路状态包含该接口的 IP 地址及子网掩码等
信息。

LSA（link-state advertisement，链路状态及链路状态通告）是链路状态信息的主要载体，链路状态信息主要包含在 LSA 中，并通过 LSA 的通告（泛洪）来实现共享。

OSPF 消息中的报文有五种类型，分别是 Hello 报文、DD 报文（database description packet）、LSR 报文（link-state request packet）、LSU 报文（link-state update packet）和 LSAck 报文（link-state acknowledgement packet）。

OSPF 协议报文直接封装在 IP 报文中，IP 报文头部中的协议字段值为 89。

OSPF 报文中的 Hello 报文所携带的信息包括 OSPF 的版本号、接口所属路由器的 Router-ID、接口所属区域的 Area-ID、接口的密钥信息、接口的认证类型、接口 IP 地址的子网掩码、接口的 HelloInterval（发送报文的间隔时间）、接口的 RouterDeadInterval 及接口所连二层网络的 DR 和 BDR。

OSPF 报文中的 DD 报文用于描述自己的链路状态数据库 LSDB 并进行数据库的同步；LSR 报文用于请求相邻路由器 LSDB 中的一部分数据；LSU 报文的功能是向对端路由器发送多条 LSA 用于更新；LSAck 报文是指路由器在接收到 LSU 报文后所发出的确认应答报文。

4 OSPF 的网络类型

OSPF 所支持的网络类型是指 OSPF 能够支持的二层网络类型，根据数据链路层协议类型将网络分为广播（broadcast）类型、非广播多路访问（non-broadcast multi-access，NBMA）类型、点到多点（point-to-multipoint，P2MP）类型和点到点（point-to-point，P2P）类型。

5 OSPF 的邻居关系与邻接关系

1）邻居（neighbor）关系：在 OSPF 协议中，每台路由器的接口都会周期性地向外发送 Hello 报文。如果相邻两台路由器之间发送给对方的 Hello 报文完全一致，那么这两台路由器就会成为彼此的邻居路由器，它们之间才存在邻居关系。

2）邻接（adjacency）关系：在 P2P 或 P2MP 的二层网络类型中，两台互为邻居关系的路由器一定会同步彼此的 LSDB，当这两台路由器成功地完成 LSDB 同步后，它们之间便建立起了邻接关系。

在 OSPF 协议中，如果两台路由器的相邻接口位于同一个二层网络中，那么这两台路由器存在相邻关系，但相邻并不等同于邻居关系，更不等同于邻接关系。

如果两台路由器存在邻接关系，则它们之间一定存在邻居关系；如果两台路由器存在邻居关系，则它们之间可能存在、也可能不存在邻接关系。

6 OSPF 网络的 DR 与 BDR

1）DR 与 BDR 概述：指定路由器（designate router，DR）和备份指定路由器（backup designate router，BDR）只适用于广播（broadcast）网络或 NBMA 网络。

2）DR 与 BDR 的选举规则：由于在一个广播网络或 NBMA 网络中，路由器之间会通过 Hello 报文进行交互，Hello 报文中包含了路由器的 Router-ID 和优先级，路由器的优先级的取值范围为 0～255，取值越大，优先级越高。

7 OSPF 技术应用配置

项目背景与要求：某公司网络有三台路由器，其中路由器 R1 为公司总部路由器，路由器 R2 和 R3 分别为两个分公司的路由器，网络规划要求整个网络运行 OSPF 路由协议，并且采用单区域的 OSPF 网络结构。单区域 OSPF 网络如图 4-17 所示。

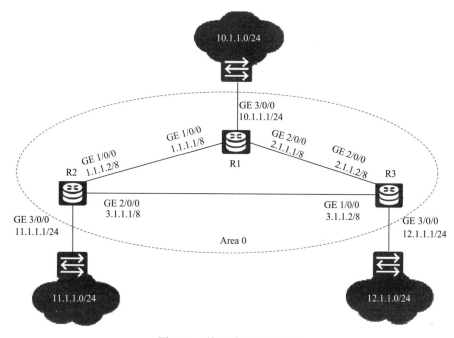

图 4-17 单区域 OSPF 网络

（1）配置思路

指定各路由器的接口为 Area 0 骨干区域，分别在三台路由器上启用 OSPF 进程。

（2）配置过程

配置路由器 R1：

```
<Huawei>system-view
[Huawei] sysname R1
[R1]OSPF 1 router-id 10.1.1.1
[R1-OSPF-1]area 0
[R1-OSPF-1-area-0.0.0.0]network 1.0.0.0 0.255.255.255
[R1-OSPF-1-area-0.0.0.0]network 2.0.0.0 0.255.255.255
[R1-OSPF-1-area-0.0.0.0]network 10.1.1.0 0.0.0.255
```

配置路由器 R2：

```
<Huawei>system-view
```

```
[Huawei] sysname R2
[R2]OSPF 1 router-id 11.1.1.1
[R2-OSPF-1]area 0
[R2-OSPF-1-area-0.0.0.0]network 1.0.0.0 0.255.255.255
[R2-OSPF-1-area-0.0.0.0]network 3.0.0.0 0.255.255.255
[R2-OSPF-1-area-0.0.0.0]network 11.1.1.0 0.0.0.255
```

配置路由器 R3：

```
<Huawei>system-view
[Huawei] sysname R3
[R3]OSPF 1 router-id 12.1.1.1
[R3-OSPF-1]area 0
[R3-OSPF-1-area-0.0.0.0]network 2.0.0.0 0.255.255.255
[R3-OSPF-1-area-0.0.0.0]network 3.0.0.0 0.255.255.255
[R3-OSPF-1-area-0.0.0.0]network 12.1.1.0 0.0.0.255
```

（3）配置验证

1）通过以上配置，三台路由器之间都建立了邻接关系。为了确认上述配置已经生效，可以使用 display OSPF 1 peer 命令查看路由器的邻居信息，下面以路由器 R1为例。

```
[R1]display OSPF 1 peer
    OSPF Process 1 with Router ID 10.1.1.1
        Neighbors
Area 0.0.0.0 interface 2.1.1.1(GigabitEthernet2/0/0)'s neighbors
Router ID: 12.1.1.1         Address: 2.1.1.2
State: Full  Mode:Nbr is Master  Priority: 1
DR: 2.1.1.1  BDR: 2.1.1.2  MTU: 0
...... ..... ........... ..... ..... .....
        Neighbors
 Area 0.0.0.0 interface 1.1.1.1(GigabitEthernet1/0/0)'s neighbors
 Router ID: 11.1.1.1         Address: 1.1.1.2
 State: Full  Mode:Nbr is Master  Priority: 1
 DR: 1.1.1.1  BDR: 1.1.1.2  MTU: 0
 Dead timer due in 37  sec
 Retrans timer interval: 5
 Neighbor is up for 00:15:23
 Authentication Sequence: [ 0 ]
```

2）通过在路由器 R1 上使用 display OSPF 1 routing 命令查看 OSPF 路由表。

```
[R1]display OSPF 1 routing
OSPF Process 1 with Router ID 10.1.1.1
Routing Tables
Routing for Network
```

```
Destination    Cost   Type      NextHop     AdvRouter    Area
1.0.0.0/8      1      Transit   1.1.1.1     10.1.1.1     0.0.0.0
2.0.0.0/8      1      Transit   2.1.1.1     10.1.1.1     0.0.0.0
10.1.1.0/24    1      Stub      10.1.1.1    10.1.1.1     0.0.0.0
3.0.0.0/8      2      Transit   1.1.1.2     11.1.1.1     0.0.0.0
3.0.0.0/8      2      Transit   2.1.1.2     11.1.1.1     0.0.0.0
11.1.1.0/24    2      Stub      1.1.1.2     11.1.1.1     0.0.0.0
12.1.1.0/24    2      Stub      2.1.1.2     12.1.1.1     0.0.0.0
Total Nets: 7
Intra Area: 7  Inter Area: 0  ASE: 0  NSSA: 0
```

4.2.6 VLAN 间路由技术应用

虽然 VLAN 可以减少网络中的广播，提高网络安全性能，但无法实现网络内部所有主机互相通信，可以通过路由器或三层交换机来实现属于不同 VLAN 之间的三层通信，这就是 VLAN 间路由。

VLAN 间路由
技术应用

VLAN 之间二层通信的局限性体现在以下两个方面：

1）VLAN 隔离了二层广播域，即隔离了各个 VLAN 之间的任何二层流量，不同 VLAN 的用户之间不能进行二层通信。

2）不同 VLAN 之间的主机无法实现二层通信，不同 VLAN 之间通信要经过三层路由才能将报文从一个 VLAN 转发到另一个 VLAN，实现跨 VLAN 通信。

实现 VLAN 之间通信的方法主要有三种：路由器接口直连、单臂路由和三层交换，如图 4-18 所示。

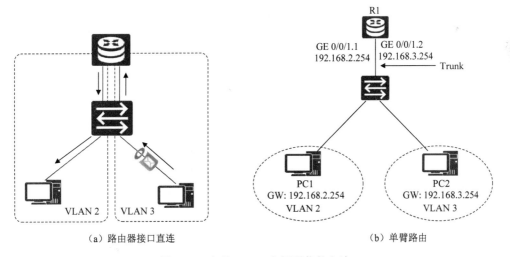

（a）路由器接口直连   （b）单臂路由

图 4-18 实现 VLAN 之间通信的方法

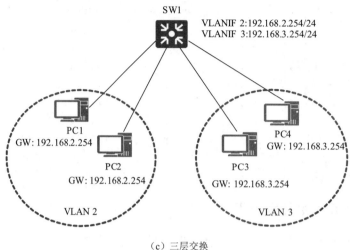

SW1

VLANIF 2:192.168.2.254/24
VLANIF 3:192.168.3.254/24

PC1
GW: 192.168.2.254

PC2
GW: 192.168.2.254

PC4
GW: 192.168.3.254

PC3
GW: 192.168.3.254

VLAN 2

VLAN 3

（c）三层交换

图 4-18（续）

由于路由器接口直连方式是将路由器的每个物理端口对应一个子网的网关，路由器接口有限，因此，通过路由器接口直连方式在现网当中不采用，企业网建设项目中常用的 VLAN 之间通信的方法是单臂路由和三层交换（即 VLANIF 子接口作子网网关）。

1 VLAN 之间三层通信——单臂路由技术

项目背景与要求：单臂路由网络拓扑如图 4-19 所示，在路由器上配置单臂路由，实现 VLAN 10 和 VLAN 20 网络互联互通。

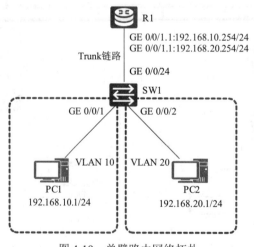

R1

GE 0/0/1.1:192.168.10.254/24
GE 0/0/1.1:192.168.20.254/24

Trunk链路

GE 0/0/24

SW1

GE 0/0/1   GE 0/0/2

VLAN 10   VLAN 20

PC1
192.168.10.1/24

PC2
192.168.20.1/24

图 4-19　单臂路由网络拓扑

（1）配置思路

1）在交换机 SW1 上创建 VLAN，并将相应接口加入到对应 VLAN 中。

2）将交换机与路由器相连接口配置为 Trunk 模式。

3）在路由器 R1 上创建子接口，并配置子接口的 IP 地址，启用子接口的 dot1q 封装，配置允许终结子接口转发广播报文。

（2）配置过程

1）配置交换机 SW1，在交换机 SW1 上创建 VLAN 10 和 VLAN 20，并配置 Trunk 接口。

```
<Huawei>system-view
[Huawei]sysname SW1
[SW1]vlan batch 10 20
[SW1-GigabitEthernet0/0/24]port link-type trunk
[SW1-GigabitEthernet0/0/24]port trunk allow-pass vlan 10 20
            //配置交换机 SW1 的 GE 0/0/24 端口允许 VLAN 10 和 VLAN 20 的数据通过
[SW1-GigabitEthernet0/0/1]port link-type access
[SW1-GigabitEthernet0/0/1]port default vlan 10
[SW1-GigabitEthernet0/0/2]port link-type access
[SW1-GigabitEthernet0/0/2]port default vlan 20
```

2）配置路由器 R1，主要配置子接口 IP 地址及其 dot1q 封装。

```
[R1]interface g0/0/1.1
[R1-GigabitEthernet0/0/0.10]dot1q termination vid 10
[R1-GigabitEthernet0/0/1.10]ip address 192.168.10.254 24
[R1-GigabitEthernet0/0/1.10]arp broadcast enable
[R1-GigabitEthernet0/0/1.10]quit
[R1]interface g0/0/1.2
[R1-GigabitEthernet0/0/1.20]dot1q termination vid 20
[R1-GigabitEthernet0/0/1.20]ip address 192.168.20.254 24
[R1-GigabitEthernet0/0/1.20]arp broadcast enable
```

（3）配置验证

配置完成后，在 PC1 上执行 ping 192.168.20.1 命令，测试结果如下：

```
PC>ping 192.168.20.1
Ping 192.168.20.1: 32 data bytes, Press Ctrl_C to break
From 192.168.20.1: bytes=32 seq=1 ttl=127 time<1 ms
From 192.168.20.1: bytes=32 seq=2 ttl=127 time<1 ms
From 192.168.20.1: bytes=32 seq=3 ttl=127 time<1 ms
From 192.168.20.1: bytes=32 seq=4 ttl=127 time<1 ms
From 192.168.20.1: bytes=32 seq=5 ttl=127 time<1 ms
--- 192.168.20.1 ping statistics ---
  5 packet(s) transmitted
  5 packet(s) received
  0.00% packet loss
  round-trip min/avg/max = 0/0/0 ms
```

2　VLAN 之间三层通信——三层交换机 VLAN 间路由技术

三层交换机 VLAN 间路由技术就是在三层交换机上启用 VLANIF 子接口作为子网

网关,在 VLANIF 子接口上配置子网网关 IP 地址,这样不同的子网就可以通过各自网关实现三层通信。

项目背景与要求:三层交换机 VLAN 之间路由配置拓扑如图 4-20 所示,在三层交换机上配置三层路由,实现 VLAN 10 和 VLAN 20 网络互联互通。

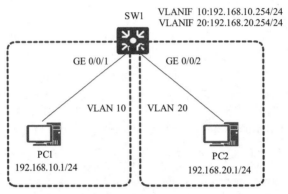

图 4-20　三层交换机 VLAN 之间路由配置拓扑

(1)配置思路

1)在三层交换机上创建 VLAN 10 和 VLAN 20。

2)将交换机上的对应端口添加到 VLAN 10 和 VLAN 20 中。

3)在交换上配置三层接口 VLANIF 的 IP 地址。

4)在 PC1 和 PC2 配置对应的 IP 地址和网关,并测试 VLAN 间的连通性。

(2)配置过程

1)在交换机 SW1 上创建 VLAN 10 和 VLAN 20。

```
<Huawei>system-view
[Huawei]sysname SW1
[SW1]vlan batch 10 20
```

2)在交换机 SW1 上进行端口配置。

```
[SW1]interface GigabitEthernet0/0/1
[SW1-GigabitEthernet0/0/1]port link-type access
[SW1-GigabitEthernet0/0/1]port default vlan 10
[SW1-GigabitEthernet0/0/1]quit
[SW1]interface GigabitEthernet0/0/2
[SW1-GigabitEthernet0/0/2]port link-type access
[SW1-GigabitEthernet0/0/2]port default vlan 20
[SW1-GigabitEthernet0/0/2]quit
```

3)在交换机 SW1 上配置 VLANIF 接口。

```
[SW1]interface vlanif 10
[SW1-Vlanif10]ip address 192.168.10.254 24
[SW1-Vlanif10]quit
[SW1]interface vlanif 20
```

```
[SW1-Vlanif20]ip address 192.168.20.254 24
[SW1-Vlanif20]quit
```

（3）配置验证

在 PC1 上执行 ping 192.168.20.1 命令，测试结果如下：

```
PC>ping 192.168.20.1
Ping 192.168.20.1: 32 data bytes, Press Ctrl_C to break
From 192.168.20.1: bytes=32 seq=1 ttl=127 time<1 ms
From 192.168.20.1: bytes=32 seq=2 ttl=127 time<1 ms
From 192.168.20.1: bytes=32 seq=3 ttl=127 time<1 ms
From 192.168.20.1: bytes=32 seq=4 ttl=127 time<1 ms
From 192.168.20.1: bytes=32 seq=5 ttl=127 time<1 ms
--- 192.168.20.1 ping statistics ---
  5 packet(s) transmitted
  5 packet(s) received
  0.00% packet loss
  round-trip min/avg/max = 0/0/0 ms
```

4.2.7 网络可靠性设计——VRRP 技术应用

VRRP 技术应用

VRRP 是一种容错协议。VRRP 提供了将多台路由器虚拟成一台路由器的服务，它通过虚拟化技术，将多台物理设备在逻辑上合并为一台虚拟设备，同时让物理路由器对外隐藏各自的信息，以便针对其他设备提供一致性的服务。VRRP 的作用是实现网关冗余，VRRP 这种网关备份的功能在大型网络系统建设项目中经常使用，可以提升网络的可靠性和稳定性。

项目背景与要求：VRRP 配置网络拓扑如图 4-21 所示，接口与地址规划如表 4-3 所示。具体要求如下。

1）在企业拓扑环境中，路由器 R1 和 R2 是两台连接企业网关（GW）的路由器，GW 通过 ISP 接入 Internet。

2）企业网要求管理员使用 VRRP 实现对路由器 R1 和 R2 进行备份，提高外网接入的可靠性。在默认情况下，路由器 R1 为主用路由器，路由器 R2 为备用路由器，企业内部用户（如图 4-21 中的 PC10）使用虚拟路由器的 IP 地址（10.10.10.254）作为网关地址。

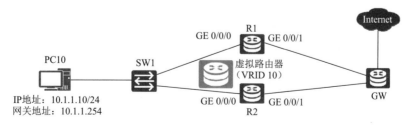

图 4-21 VRRP 配置网络拓扑

127

表 4-3　接口与地址规划

设备接口	IP 地址
VRRP 虚拟路由器 VRID 10	10.1.1.254/24
路由器 R1 接口 GE 0/0/0	10.1.1.251/24
路由器 R1 接口 GE 0/0/1	1.1.1.1/30
路由器 R2 接口 GE 0/0/0	10.1.1.252/24
路由器 R2 接口 GE 0/0/1	2.1.1.1/30
PC10 IP 地址	10.1.1.10/24
PC10 网关地址	10.1.1.254
GW 与路由器 R1 相连接口	1.1.1.2/30
GW 与路由器 R2 相连接口	2.1.1.2/30
模拟 Internet 设备	172.16.1.1

1　数据配置

在 R1 和 R2 路由器 GE 0/0/0 接口上添加 VRRP 配置：

```
[R1]interface g0/0/0
[R1-GigabitEthernet0/0/0]vrrp vrid 10 virtual-ip 10.1.1.254
                //指定了 VRRP 备份组为 VRID 10
                //指定虚拟 IP 地址为 10.1.1.254
[R1-GignbitEthernet0/0/0]vrrp vrid 10 priority 150
                //调整接口在 VRID 10 中的优先级为 150
[R2]interface g0/0/0
[R2-GigahitEthernet0/0/0]vrrp vrid 10 virtual-ip 10.1.1.254
                //设置备份组 VRID 10 的虚拟 IP 地址
```

2　配置验证

1）检查 VRRP 状态。

```
[R1]display vrrp brief
Total:1   Master:1   Backup:0    Non-active:0
VRID State     Interface          Type     Virtual IP
------------------------------------------------------------
10   Master  GE0/0/0              Normal   10.1.1.254
```

注意

通过检查可以看到 R1 作为 VRRP 主用路由器用来传输数据流量。

```
[R2]display vrrp brief
Total:1   Master:0   Backup:1    Non-active:0
VRID State     Interface          Type     Virtual IP
------------------------------------------------------------
10   Backup  GE0/0/0              Normal   10.1.1.254
```

通过检查可以看到 R2 作为 VRRP 主用路由器用来传输数据流量。

2）查看 VRRP 版本。

```
[R1]display vrrp protocol-information
VRRP protocol information is shown as below
VRRP protocol version: v2
Send advertisement packet node send v2 only
```

通过检查知道 VRRP 协议版本为 version 2。

3）检测 VRRP 连通性及路径。

```
PC10>ping 172.16.1.1
  PING 172.16.1.1: 32 data bytes, press CTRL_C to break
  Reply from 172.16.1.1: bytes=32 Sequence=1 ttl=254 time=57ms
  Reply from 172.16.1.1: bytes=32 Sequence=2 ttl=254 time=45ms
  Reply from 172.16.1.1: bytes=32 Sequence=3 ttl=254 time=47ms
  Reply from 172.16.1.1: bytes=32 Sequence=4 ttl=254 time=42ms
  Reply from 172.16.1.1: bytes=32 Sequence=5 ttl=254 time=46ms
PC10>tracert 172.16.1.1
traceroute to 172.16.1.1,  8 hops max
(ICMP), press Ctrl+C to stop
 1  10.1.1.251    32ms43ms32ms
 2  172.16.1.1    56ms48ms42ms
```

通过检查可以看到 PC10 能够成功访问 Internet 设备，传输的路径为 PC10→R1→GW。

4）VRRP 追踪上行接口状态。

```
[R1]interface g0/0/0
[R1-GigabitEthernet0/0/0]vrrp vrid 10 track interface G0/0/1 reduced 100
                //在 VRRP VRID 10 中追踪接口 GE 0/0/1 的状态
                //把 VRRP VRID 10 的优先级减少 100
```

5）手动关闭路由器 R1 的接口 GE 0/0/1，模拟上行链路故障。

```
[R1]interface g0/0/1
[R1-GigabitEthernet0/0/1]shutdown
Jan 20 2020 05:50:09-08:00 R1  %%01IFNET/4/LINK_STATE(l)[1]:The line
```

```
protocol IP on the interface GigabitEthernet0/0/1 has entered the DOWN
state.
    Jan 20 2020 05:50:09-08:00 R1 %%01VRRP/4/STATEWARNINGEXTEND(l)[2]:
Virtual Route r state MASTER changed to BACKUP, because of priority
calculation. (Interface=Giga bitEthernet0/0/0, VrId=167772160, InetType=
IPv4)
    [R1-GigabitEthernet0/0/1]
    Jan 20 2020 05:50:09-08:00 R1 VRRP/2/ VRRPMASTERDOWN:OID 16777216.
50331648.100663296.16777216.67108864.16777216.3674669056.83886080.4194304
00.2130706432.33554432.503316480.16777216 The state of VRRP changed from
master to other state. (Vrrp IfIndex=50331648, VrId=167772160, IfIndex=
50331648, IPAddress=251.1.1.10, NodeNa me=R1, IfName=GigabitEthernet0/0/0,
CurrentState= Backup, ChangeReason= priority Calculation(GE0/0/1 down))
```

 注意

通过查看可以看到 VRRP 状态从主用变为被用，原因是 GE 0/0/1 接口状态变为 DOWN。

6）执行 tracert 命令进行路径跟踪测试。

```
PC10>tracert 172.16.1.1
traceroute to 172.16.1.1, 8 hops max
(ICMP),press Ctrl+C to stop
1  10.1.1.252   92ms45ms30ms
2  172.16.1.1   46ms42ms46ms
```

 注意

通过查看可以看到传输的路径是 PC10→R2→GW。

7）验证 VRRP 的抢占。

```
[R1]interface g0/0/1
[R1-GigabitEthernet0/0/1]undo shutdown
[R1-GigabitEthernet0/0/1]
Jan 20 2020 07:41:17-08:00 R1 %%01IFPDT/4/IF_STATE(l)[4]:Interface
GigabitEthernet0/0/1 has turned into UP state.
    [R1-GigabitEthernet0/0/1]
    Jan 20 2020 07:41:17-08:00 R1%%01IFNET/4/LINK_STATE(l)[5]:The line
protocol IP on the interface GigabitEthernet0/0/1 has entered the UP state.
    [R1-GigabitEthernet0/0/1]
    Jan 20 2020 07:41:17-08:00 R1 %%01VRRP/4/STATEWARNINGEXTEND(l)[6]:
Virtual Router state BACKUP changed to MASTER, because of priority
calculation. (Interface=GigabitEthernet0/0/0, VrId=167772160, InetType=IPv4)
```

通过查看可以看到路由器 R1 重新夺回了主用路由器的角色。

8）查看路由器 R1 上 VRRP 的抢占状态。

```
[R1]interface g0/0/1
[R1]display vrrp 10
GigabitEthernet0/0/0 ｜Virtual Router 10
State: master
Virtual IP: 10.1.1.254
Master IP: 10.1.1.251
PriorityRun: 150
PriorityConfig: 150
MasterPriority: 150
Preempt:  YES   Delay Time: 0 s
TimerRun: 1 s
Timer Config:  1 s
```

通过查看可以看到开启了抢占功能，延迟时间为 0s。

9）查看路由器 R1 的 VRRP 状态变化情况。

```
[R1]display vrrp state-change interface GigabitEthernet 0/0/0 vrid 10
Time                     Sourcestate    DestState   Reason
2020-01-20 05:42:00 UTC-08:00 Iinitialist    Backup     Interface up
2020-01-20 05:42:03 UTC-08:00 Backup    Master Protocol timer expired
2020-01-20 06:32:00 UTC-08:00 Master    Backup Priority calculation
2020-01-20 07:42:08 UTC-08:00 Backup    Master Priority calculation
```

通过查看可以看到关闭和启用路由器 R1 接口 GE 0/0/1 导致的 VRRP 状态切换事件。

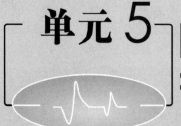

单元 5 网络系统建设与运维认证项目

数字化转型促使高校校园网和企业网建设迅速发展，网络系统规划建设比较复杂，涉及交换机、路由器、无线设备及安全设备等多种网元。本单元模拟高校园区网络规划和企业网项目规划及建设案例，实施校园网和企业网建设规划部署与网元设备数据配置，在综合项目实训过程中提高实验操作安全意识，培养团队协作精神。

学习指导

知识目标 ☞
- 掌握 VLAN、IP 编址、三层互联 VLANIF 接口、静态路由、Telnet 等技术原理。

能力目标 ☞
- 掌握校园网设备命名规范、VLAN 部署、IP 规划、校园网业务互通、出口设计、路由备份等技术应用配置。

素质目标 ☞
- 通过小组项目方式进行实验配置和实验验证，培养团队合作精神。

重点难点 ☞
- VLAN 部署、IP 规划、校园网业务互通、出口设计、路由备份。

5.1

网络系统建设与运维认证（初级）
（校园网建设项目）

5.1.1 项目需求分析

校园网建设项目（初级）

1）根据校园网建设初级需要对网络进行初始化配置，包括设备连线、设备命名及VLAN 和IP 地址规划与配置。

2）为保障底层网络的基础连通性，需要部署静态路由，实现全网互通。

3）为方便工程师后期的管理与运维，该校园网还部署了一台管理设备，通过该设备 Telnet 远程登录到其他网络核心设备。

5.1.2 项目设计说明

本项目以淮安和南京城市节点为例进行设计，节点命名规则定为：城市名+校园部门名+设备名。网络系统建设与运维认证综合实训拓扑如图 5-1 所示。

彩图 5-1

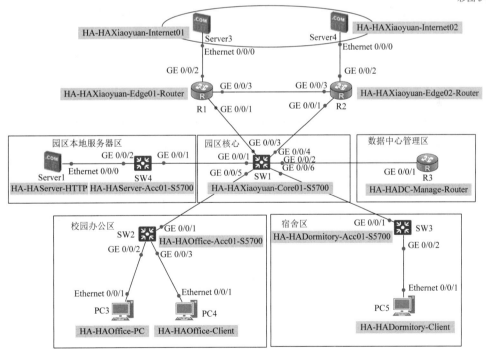

图 5-1 网络系统建设与运维认证综合实训拓扑

根据校园网构建需求，对校园网交换机规划 VLAN，具体如表 5-1 所示。

表 5-1　VLAN 信息

设备名称	端口	端口类型	VLAN 参数
HA-HAOffice-Acc01-S5700	GE 0/0/1	Trunk	PVID:1 Allow-pass: VLAN 10 20 200
	GE 0/0/2	Hybrid	PVID:10 UntaggedVLAN 10
	GE 0/0/3	Hybrid	PVID:20 UntaggedVLAN 20
HA-HADormitory-Acc01-S5700	GE 0/0/1	Trunk	PVID:1 Allow-pass: VLAN 30 200
	GE 0/0/2	Hybrid	PVID:30 UntaggedVLAN 30
HA-HAXiaoyuan-Core01-S5700	GE 0/0/1	Trunk	PVID:1 Allow-pass: VLAN 40 200
	GE 0/0/2	Access	PVID:100
	GE 0/0/3	Access	PVID:101
	GE 0/0/4	Access	PVID:102
	GE 0/0/5	Trunk	PVID:1 Allow-pass: VLAN 10 20 200
	GE 0/0/6	Trunk	PVID:1 Allow-pass: VLAN 30 200
HA-HAServer-Acc01-S5700	GE 0/0/1	Trunk	PVID:1 Allow-pass: VLAN 40 200
	GE 0/0/2	Access	PVID:40

根据校园网构建需求，对校园网交换机的 IP 地址进行规划，具体如表 5-2 所示。

表 5-2　IP 地址规划

设备名称	接口	IP 地址
HA-HAXiaoyuan-Edge01-Router	GE 0/0/1	10.1.12.2/30
	GE 0/0/2	1.2.2.1/30
	GE 0/0/3	10.1.23.1/30
	LoopBack 0	192.168.200.129/32
HA-HAXiaoyuan-Edge02-Router	GE 0/0/1	10.1.13.2/30
	GE 0/0/2	1.2.3.1/30
	GE 0/0/3	10.1.23.2/30
	LoopBack 0	192.168.200.130/32

续表

设备名称	接口	IP 地址
HA-HADC-Manage-Router	GE 0/0/1	10.1.14.2/30
HA-HAXiaoyuan-Core01-S5700	VLANIF 10	192.168.10.254/24
	VLANIF 20	192.168.20.254/24
	VLANIF 30	192.168.30.254/24
	VLANIF 40	192.168.40.254/24
	VLANIF 100	10.1.14.1/30
	VLANIF 101	10.1.12.1/30
	VLANIF 102	10.1.13.1/30
	VLANIF 200	192.168.200.1/25
HA-HAServer-Acc01-S5700	VLANIF 200	192.168.200.2/25
HA-HAOffice-Acc01-S5700	VLANIF 200	192.168.200.3/25
HA-HADormitory-Acc01-S5700	VLANIF 200	192.168.200.4/25
HA-HAOffice-PC	Ethernet 0/0/1	192.168.10.1/24 GW: 192.168.10.254
HA-HAOffice-Client	Ethernet 0/0/0	192.168.20.1/24 GW: 192.168.20.254
HA-HADormitory-PC	Ethernet 0/0/1	192.168.30.1/24 GW: 192.168.30.254
HA-HAServer-HTTP	Ethernet 0/0/0	192.168.40.1/24 GW: 192.168.40.254
HA-HAXiaoyuan-Internet01	Ethernet 0/0/1	1.2.2.2/30 GW: 1.2.2.1
HA-HAXiaoyuan-Internet02	Ethernet 0/0/1	1.2.3.2/30 GW: 1.2.3.1

5.1.3　项目任务实施

1 任务 1 设备连接

作为一名网络工程师，需要在校园网初期建设时进行网络规划，设备上架后对设备进行连线；针对高校实验室教学，本实训项目采用华为 eNSP 仿真模拟器构建校园网，依据 IP 地址规划构建了"网络系统建设与运维实训项目数据预配拓扑（初级）"，如图 5-2 所示。

任务要求：

1）根据如图 5-2 所示实验拓扑连接设备。

2）将拓扑中校园网设备所属城市名命名为"淮安"的首字母缩写 HA。

3）设备接口的数据配置要与实训拓扑保持一致，标记出设备端口的 IP 地址。

4）用 eNSP 仿真模拟器构建校园网组网拓扑，启动后接口灯变成绿色，说明连接成功。

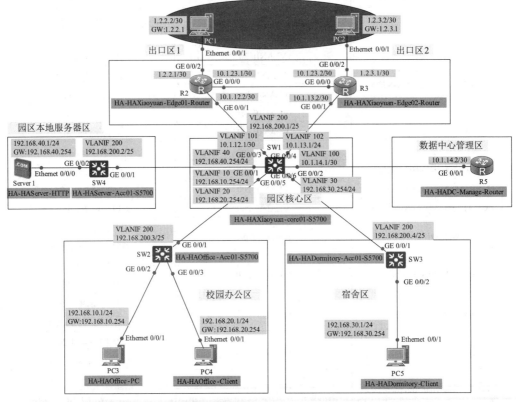

图 5-2　网络系统建设与运维实训项目数据预配拓扑（初级）

2　任务 2 设备命名

彩图 5-2

为方便日常维护、故障定位及网络优化工作，要求对校园网的设备规范命名。

任务要求：

1）命名规则为：城市-设备的设置地点-设备的功能属性和序号-设备型号。

2）根据如图 5-1 所示实训拓扑对设备进行命名，设备名称大小写要与如图 5-1 所示实训拓扑保持一致。例如，处于淮安校园办公区交换机命名为：HA-HAOffice-Acc01-S5700。

实训配置参考答案如下：

```
[Huawei]sysname HA-HAOffice-Acc01-S5700
[Huawei]sysname HA-HADormitory-Acc01-S5700
[Huawei]sysname HA-HAXiaoyuan-Core01-S5700
[Huawei]sysname HA-HAServer-Acc01-S5700
[Huawei]sysname HA-HAXiaoyuan-Edge01-Router
```

```
[Huawei]sysname HA-HAXiaoyuan-Edge02-Router
[Huawei]sysname HA-HADC-Manager-Router
```

3　任务3 VLAN部署

以太网中主机数目较多会出现冲突和广播泛滥，使交换机性能显著下降，造成网络不可用故障。通过部署VLAN限制广播域，可增强网络的安全性和可靠性。

任务要求：

1）对校园网进行VLAN部署。要求将接入层交换机的接口设置为Hybrid口，根据如图5-2所示实训拓扑和如表5-1所示VLAN信息，在对应交换机上配置所需的VLAN。

2）交换机只允许题目要求的VLAN通过（保证网络的连通性和安全性）。

3）干道链路上Trunk口要拒绝VLAN 1通过（减少二层广播泛洪）。

实训配置参考答案如下。

HA-HAOffice-Acc01-S5700：

```
[HA-HAOffice-]sysname HA-HAOffice-Acc01-S5700
[HA-HAOffice-Acc01-S5700]vlan batch 10 20 200
[HA-HAOffice-Acc01-S5700]int g0/0/1
[HA-HAOffice-Acc01-S5700-GigabitEthernet0/0/1]port link-type trunk
[HA-HAOffice-Acc01-S5700-GigabitEthernet0/0/1]port trunk allow-pass
vlan 10 20 200
[HA-HAOffice-Acc01-S5700-GigabitEthernet0/0/1]port trunk pvid vlan 1
[HA-HAOffice-Acc01-S5700-GigabitEthernet0/0/1]q
[HA-HAOffice-Acc01-S5700]int g0/0/2
[HA-HAOffice-Acc01-S5700-GigabitEthernet0/0/2]port link-type hybrid
[HA-HAOffice-Acc01-S5700-GigabitEthernet0/0/2]port hybrid pvid vlan 10
[HA-HAOffice-Acc01-S5700-GigabitEthernet0/0/2]port hybrid untagged
vlan 10
[HA-HAOffice-Acc01-S5700-GigabitEthernet0/0/2]int g0/0/3
[HA-HAOffice-Acc01-S5700-GigabitEthernet0/0/3]port link-type hybrid
[HA-HAOffice-Acc01-S5700-GigabitEthernet0/0/3]port hybrid untagged
vlan 20
[HA-HAOffice-Acc01-S5700-GigabitEthernet0/0/3]port hybrid pvid vlan 20
```

HA-HADormitory-Acc01-S5700：

```
[Huawei]sysname HA-HADormitory-Acc01-S5700
[HA-HADormitory-Acc01-S5700]vlan batch 30 200
[HA-HADormitory-Acc01-S5700]int g0/0/1
[HA-HADormitory-Acc01-S5700-GigabitEthernet0/0/1]port link-type trunk
[HA-HADormitory-Acc01-S5700-GigabitEthernet0/0/1]port trunk allow-
pass vlan 30 200
[HA-HADormitory-Acc01-S5700]int g0/0/2
[HA-HADormitory-Acc01-S5700-GigabitEthernet0/0/2]port link-type hybrid
[HA-HADormitory-Acc01-S5700-GigabitEthernet0/0/2]port hybrid untagged
```

```
vlan 30
    [HA-HADormitory-Acc01-S5700-GigabitEthernet0/0/2]port hybrid pvid
vlan 30
```

HA-HAXiaoyuan-Core01-S5700：

```
    [Huawei]sysname HA-HAXiaoyuan-Core01-S5700
    [HA-HAXiaoyuan-Core01-S5700]vlan batch 10 20 30 40 100 101 102 200
    [HA-HAXiaoyuan-Core01-S5700]int g0/0/1
    [HA-HAXiaoyuan-Core01-S5700-GigabitEthernet0/0/1]port link-type trunk
    [HA-HAXiaoyuan-Core01-S5700-GigabitEthernet0/0/1]port trunk allow-
pass vlan 40 200
    [HA-HAXiaoyuan-Core01-S5700-GigabitEthernet0/0/1]port trunk pvid vlan 1
    [HA-HAXiaoyuan-Core01-S5700-GigabitEthernet0/0/1]int g0/0/2
    [HA-HAXiaoyuan-Core01-S5700-GigabitEthernet0/0/2]port link-type access
    [HA-HAXiaoyuan-Core01-S5700-GigabitEthernet0/0/2]port default vlan 100
    [HA-HAXiaoyuan-Core01-S5700-GigabitEthernet0/0/2]int g0/0/3
    [HA-HAXiaoyuan-Core01-S5700-GigabitEthernet0/0/3]port link-type access
    [HA-HAXiaoyuan-Core01-S5700-GigabitEthernet0/0/3]port default vlan 101
    [HA-HAXiaoyuan-Core01-S5700-GigabitEthernet0/0/3]int g0/0/4
    [HA-HAXiaoyuan-Core01-S5700-GigabitEthernet0/0/4]port link-type access
    [HA-HAXiaoyuan-Core01-S5700-GigabitEthernet0/0/4]port default vlan 102
    [HA-HAXiaoyuan-Core01-S5700-GigabitEthernet0/0/4]int g0/0/5
    [HA-HAXiaoyuan-Core01-S5700-GigabitEthernet0/0/5]port link-type trunk
    [HA-HAXiaoyuan-Core01-S5700-GigabitEthernet0/0/5]port trunk allow-
pass vlan 10 20 200
    [HA-HAXiaoyuan-Core01-S5700-GigabitEthernet0/0/5]port trunk allow-pass
vlan 10 20 200
    [HA-HAXiaoyuan-Core01-S5700-GigabitEthernet0/0/5]port trunk pvid vlan 1
    [HA-HAXiaoyuan-Core01-S5700-GigabitEthernet0/0/5]int g0/0/6
    [HA-HAXiaoyuan-Core01-S5700-GigabitEthernet0/0/6]port link-type trunk
    [HA-HAXiaoyuan-Core01-S5700-GigabitEthernet0/0/6]port trunk allow-pass
vlan 30 200
    [HA-HAXiaoyuan-Core01-S5700-GigabitEthernet0/0/6]port trunk pvid vlan 1
```

HA-HAServer-Acc01-S5700：

```
    [Huawei]sysname HA-HAServer-Acc01-S5700
    [HA-HAServer-Acc01-S5700]vlan batch 40 200
    [HA-HAServer-Acc01-S5700]int g0/0/1
    [HA-HAServer-Acc01-S5700-GigabitEthernet0/0/1]port link-type trunk
    [HA-HAServer-Acc01-S5700-GigabitEthernet0/0/1]port trunk allow-pass
vlan 40 200
    [HA-HAServer-Acc01-S5700-GigabitEthernet0/0/1]port trunk pvid vlan 1
[HA-HAServer-Acc01-S5700-GigabitEthernet0/0/1]int g0/0/2
    [HA-HAServer-Acc01-S5700-GigabitEthernet0/0/2]port link-type acces
    [HA-HAServer-Acc01-S5700-GigabitEthernet0/0/2]port default vlan 40
```

4 任务 4 IP 地址规划

前期工程技术人员对校园中的 IP 地址进行了规划与分配，请根据如图 5-1 所示实训拓扑和如表 5-2 所示 IP 地址规划给出的信息，配置对应网络设备接口的 IP 地址。

任务要求：

1）三层交换机需要与网络层的设备（如路由器）通信时，可以在设备上创建基于 VLAN 的逻辑接口，即 VLANIF 接口。VLANIF 接口是网络层接口，可以配置 IP 地址。借助 VLANIF 接口，设备就能与其他网络层设备通信。

2）网络层的设备在接收三层交换机发送的报文时只接收不带标签的，因此需要三层交换机与网络层设备互联时，接口需配置成 Access 口或 Hybrid 口的 untagged 模式。

3）通过 interface vlanif vlan-id 命令创建 VLANIF 接口并进入 VLANIF 接口视图。例如，用 interface vlanif 2 命令创建 VLANIF 2 接口。

实训配置参考答案如下。

HA-HAXiaoyuan-Edge01-Router：

```
[Huawei]sysname HA-HAXiaoyuan-Edge01-Router
[HA-HAXiaoyuan-Edge01-Router]int g0/0/1
[HA-HAXiaoyuan-Edge01-Router-GigabitEthernet0/0/1]ip add 10.1.12.2 30
[HA-HAXiaoyuan-Edge01-Router-GigabitEthernet0/0/1]int g0/0/2
[HA-HAXiaoyuan-Edge01-Router-GigabitEthernet0/0/2]ip add 1.2.2.1 30
[HA-HAXiaoyuan-Edge01-Router-GigabitEthernet0/0/2]int g0/0/3
[HA-HAXiaoyuan-Edge01-Router-GigabitEthernet0/0/3]ip add 10.1.23.1 30
[HA-HAXiaoyuan-Edge01-Router-GigabitEthernet0/0/3]int loop0
[HA-HAXiaoyuan-Edge01-Router-LoopBack0]ip add 192.168.200.129 32
```

HA-HAXiaoyuan-Edge02-Router：

```
[Huawei]sysname HA-HAXiaoyuan-Edge02-Router
[HA-HAXiaoyuan-Edge02-Router]int g0/0/1
[HA-HAXiaoyuan-Edge02-Router-GigabitEthernet0/0/1]ip add 10.1.13.2 30
[HA-HAXiaoyuan-Edge02-Router-GigabitEthernet0/0/1]int g0/0/2
[HA-HAXiaoyuan-Edge02-Router-GigabitEthernet0/0/2]ip add 1.2.3.1 30
[HA-HAXiaoyuan-Edge02-Router-GigabitEthernet0/0/2]int g0/0/3
[HA-HAXiaoyuan-Edge02-Router-GigabitEthernet0/0/3]ip add 10.1.23.2 30
[HA-HAXiaoyuan-Edge02-Router-GigabitEthernet0/0/3]int loop0
[HA-HAXiaoyuan-Edge02-Router-LoopBack0]ip address 192.168.200.130 32
```

HA-HADC-Manager-Router：

```
[Huawei]sysname HA-HADC-Manager-Router
[HA-HADC-Manager-Router]int g0/0/1
[HA-HADC-Manager-Router-GigabitEthernet0/0/1]ip add 10.1.14.2 30
[HA-HAXiaoyuan-Core01-S5700]int vlanif 10
[HA-HAXiaoyuan-Core01-S5700-Vlanif10]ip add 192.168.10.254 24
[HA-HAXiaoyuan-Core01-S5700]int vlanif 20
[HA-HAXiaoyuan-Core01-S5700-Vlanif20]ip add 192.168.20.254 24
[HA-HAXiaoyuan-Core01-S5700-Vlanif20]int vlanif 30
[HA-HAXiaoyuan-Core01-S5700-Vlanif30]ip add 192.168.30.254 24
```

```
[HA-HAXiaoyuan-Core01-S5700-Vlanif30]int vlanif 40
[HA-HAXiaoyuan-Core01-S5700-Vlanif40]ip add 192.168.40.254 24
[HA-HAXiaoyuan-Core01-S5700-Vlanif40]int vlanif 100
[HA-HAXiaoyuan-Core01-S5700-Vlanif100]ip add 10.1.14.1 30
[HA-HAXiaoyuan-Core01-S5700-Vlanif100]int vlanif 101
[HA-HAXiaoyuan-Core01-S5700-Vlanif101]ip add 10.1.12.1 30
[HA-HAXiaoyuan-Core01-S5700-Vlanif101]int vlanif 102
[HA-HAXiaoyuan-Core01-S5700-Vlanif102]ip add 10.1.13.1 24
[HA-HAXiaoyuan-Core01-S5700-Vlanif102]int vlanif 200
[HA-HAXiaoyuan-Core01-S5700-Vlanif200]ip add 192.168.200.1 25
[HA-HAXiaoyuan-Core01-S5700-Vlanif200]q
```

HA-HAServer-Acc01-S5700：

```
[HA-HAServer-Acc01-S5700]int vlanif 200
[HA-HAServer-Acc01-S5700-Vlanif200]ip add 192.168.200.2 25
```

HA-HAOffice-Acc01-S5700：

```
[HA-HAOffice-Acc01-S5700]int vlanif 200
[HA-HAOffice-Acc01-S5700-Vlanif200]ip add 192.168.200.3 25
```

HA-HADormitory-Acc01-S5700：

```
[HA-HADormitory-Acc01-S5700]int vlanif 200
[HA-HADormitory-Acc01-S5700-Vlanif200]ip add 192.168.200.4 25
```

5 任务 5 设备互联接口描述

为了保证接口的规范性和后续的良好管控，需要对接口进行接口描述。

任务要求：

1）设备互联接口描述规范：to 设备名称-设备接口编号。例如，某设备接口与 HA-HAXiaoyuan-Edge02-Router 设备的 GE 0/0/1 接口互连，其接口描述为 to HA-HAXiaoyuan-Edge02-Router-GE 0/0/1。

2）三层互联 VLANIF 接口描述规范：hulian。

3）终端网关 VLANIF 接口描述规范：终端名称-GW。例如，校园本部办公区 PC 的网关 VLANIF 接口的描述为 HA-HAOffice-PC-GW。

4）管理接口描述：MGMT（交换机使用 VLANIF 200 作为管理接口，路由器使用 LoopBack 0 作为管理接口）。

在接口视图中通过 description 命令设置接口描述信息，设置方式可通过"？"符号进行命令在线求助。

> 注意
>
> 1）接口描述的大小写务必与设备名称保持一致。
> 2）接口描述的空格使用务必与接口规范要求保持一致。

实训配置参考答案如下。

HA-HAServer-Acc01-S5700：

```
[HA-HAServer-Acc01-S5700-Vlanif200]description mgmt.  //远程管理接口
[HA-HAServer-Acc01-S5700-GigabitEthernet0/0/1] description to
    HA-HACore01-S5700-G0/0/1
[HA-HAServer-Acc01-S5700-GigabitEthernet0/0/1]description to
    HA-HAXiaoyuan-Core01-S5700-G0/0/5
[HA-HAServer-Acc01-S5700-GigabitEthernet0/0/1]description to
    HA-HAXiaoyuan-Core01-S5700-G0/0/6
```

HA-HAXiaoyuan-Core01-S5700：

```
[HA-HAXiaoyuan-Core01-S5700-GigabitEthernet0/0/1]int vlanif 10
[HA-HAXiaoyuan-Core01-S5700-Vlanif10]description HA-HAOffice-PC-GW
[HA-HAXiaoyuan-Core01-S5700-Vlanif10]int vlanif 20    //校园办公终端网关
[HA-HAXiaoyuan-Core01-S5700-Vlanif20]description
    HA-HAOffice-Client-GW
[HA-HAXiaoyuan-Core01-S5700-Vlanif20]int vlanif 30   //宿舍区终端网关
[HA-HAXiaoyuan-Core01-S5700-Vlanif30]description
    HA-HADormitory-Client-GW
[HA-HAXiaoyuan-Core01-S5700-Vlanif30]int vlanif 40
[HA-HAXiaoyuan-Core01-S5700-Vlanif40]description HA-HAServer-HTTP-GW
[HA-HAXiaoyuan-Core01-S5700-Vlanif40]int vlanif 100  //路由器互联接口
[HA-HAXiaoyuan-Core01-S5700-Vlanif100]description hulian
[HA-HAXiaoyuan-Core01-S5700-Vlanif100]int vlanif 101 //路由器互联接口
[HA-HAXiaoyuan-Core01-S5700-Vlanif101]description hulian
[HA-HAXiaoyuan-Core01-S5700-Vlanif101]int vlanif 102 //路由器互联接口
[HA-HAXiaoyuan-Core01-S5700-Vlanif102]description hulian
[HA-HAXiaoyuan-Core01-S5700-Vlanif102]int vlanif 200 //交换机管理接口
[HA-HAXiaoyuan-Core01-S5700-Vlanif200]description MGMT
[HA-HAXiaoyuan-Core01-S5700-Vlanif200]int g0/0/1
[HA-HAXiaoyuan-Core01-S5700-GigabitEthernet0/0/1]description to
    HA-HServer-Acc01-S5700-G0/0/1                      //校园服务器接口
[HA-HAXiaoyuan-Core01-S5700-GigabitEthernet0/0/1]int g0/0/2
[HA-HAXiaoyuan-Core01-S5700-GigabitEthernet0/0/2]description to
    HA-HADC-Manager-Router
[HA-HAXiaoyuan-Core01-S5700-GigabitEthernet0/0/2]int g0/0/3
[HA-HAXiaoyuan-Core01-S5700-GigabitEthernet0/0/3]description  to
    HA-HAXiaoyuan-Edge01-ROUTER-G0/0/1
[HA-HAXiaoyuan-Core01-S5700-GigabitEthernet0/0/3]int G0/0/4
[HA-HAXiaoyuan-Core01-S5700-GigabitEthernet0/0/4]description to
    HA-HAXiaoyuan-Edge02-Router-GE0/0/1
[HA-HAXiaoyuan-Core01-S5700-GigabitEthernet0/0/4]int G0/0/5
[HA-HAXiaoyuan-Core01-S5700-GigabitEthernet0/0/5]description to
    HA-HAOffice-Acc01-S5700-GE0/0/1
[HA-HAXiaoyuan-Core01-S5700-GigabitEthernet0/0/5]int G0/0/6
[HA-HAXiaoyuan-Core01-S5700-GigabitEthernet0/0/6]description to
    HA-HADormitory-Acc01-S5700-GE0/0/1
```

HA-HADC-Manager-Router：

```
[HA-HADC-Manager-Router]int g0/0/1
[HA-HADC-Manager-Router-GigabitEthernet0/0/1]description to
```

```
    HA-HAXiaoyuan-Core01-S5700
```

HA-HAXiaoyuan-Edge01-Router：

```
[HA-HAXiaoyuan-Edge01-Router]int g0/0/1
[HA-HAXiaoyuan-Edge01-Router-GigabitEthernet0/0/1]description to
    HA-HAXiaoyuan-Core01-S5700-G0/0/3
[HA-HAXiaoyuan-Edge01-Router-GigabitEthernet0/0/1]int g0/0/3
[HA-HAXiaoyuan-Edge01-Router-GigabitEthernet0/0/3]description to
    HA-HAXiaoyuan-Edge02-Router-g0/0/3
```

HA-HAXiaoyuan-Edge02-Router：

```
[HA-HAXiaoyuan-Edge02-Router]int g0/0/1
[HA-HAXiaoyuan-Edge02-Router-GigabitEthernet0/0/1]description to
    HA-HAXiaoyuan-Core01-S5700-g0/0/4
[HA-HAXiaoyuan-Edge02-Router-GigabitEthernet0/0/1]int g0/0/3
[HA-HAXiaoyuan-Edge02-Router-GigabitEthernet0/0/3]description to
    HA-HAXiaoyuan-Edge01-Router-G0/0/3
[HA-HAXiaoyuan-Edge02-Router-GigabitEthernet0/0/3]INT LOOP0
[HA-HAXiaoyuan-Edge02-Router-LoopBack0]description mgmt
```

6 任务6 园区内网业务互通

为了保证校园内全网互通，需要配置静态路由。要求 HA-HAOffice-PC、HA-HAOffice-Client 和 HA-HADormitory-PC 可以访问 HTTP 服务，且可以访问出口设备的所有接口地址。

任务要求 1：在 HA-HAXiaoyuan-Edge01-Router 上，使用下一跳配置静态路由，使 HA-HAXiaoyuan-Edge01-Router 与 HA-HAOffice-PC 所在网段（192.168.10.0/24）、HZ-HAXiaoyuan-Client 所在网段（192.168.20.0/24）及 HA-HADormitory 所在网段（192.168.30.0/24）能够互通。

实训配置参考答案如下：

```
[HA-HAXiaoyuan-Edge01-Router]:
ip route-static 192.168.10.0 255.255.255.0 10.1.12.1
ip route-static 192.168.20.0 255.255.255.0 10.1.12.1
ip route-static 192.168.30.0 255.255.255.0 10.1.12.1
```

任务要求 2：在 HA-HAXiaoyuan-Edge02-Router 上，使用下一跳配置静态路由，使 HZ-HAXiaoyuan-Edge02-Router 与 HA-HZOffice-PC 所在网段（192.168.10.0/24）、HZ-HAXiaoyuan-Client 所在网段（192.168.20.0/24）及 HA-HADormitory 所在网段（192.168.30.0/24）能够互通。

实训配置参考答案如下：

```
[HA-HAXiaoyuan-Edge02-Router]:（已预配）//出口1到办公区和宿舍区静态路由
    ip route-static 192.168.10.0 255.255.255.010.1.13.1
    ip route-static 192.168.20.0 255.255.255.010.1.13.1
    ip route-static 192.168.30.0 255.255.255.010.1.13.1
```

任务要求 3：在 HA-HAXiaoyuan-Core01-S5700 上，使用下一跳地址方式配置两条默认路由，下一跳分别为 HA-HAXiaoyuan-Edge01-Router 和 HA-HAXiaoyuan-Edge02-

Router 的 GE 0/0/1 接口地址，后续出口流量在两台出口路由器之间负载分担。

实训配置参考答案如下：

```
[HA-HAXiaoyuan-Core01-S5700]://校园核心交换机到出口1/出口2互联网的默认路由
    ip route-static 0.0.0.0 0.0.0.0 10.1.12.2
    ip route-static 0.0.0.0 0.0.0.0 10.1.13.2
```

7　任务 7　出口路由设计

使用 HA-HAXiaoyuan-Edge01-Router 和 HA-HAXiaoyuan-Edge02-Router 设备模拟 Internet 出口 1 和 Internet 出口 2，需要实现 HA-HAOffice-Pc 和 HA-HADormitory-Client 能够对公网（Internet）访问，并在出口路由器之间实现出口路由备份。正常情况下，访问公网的流量在两台出口路由器之间负载分担，即当其中一台出口路由器连接公网的接口发生故障（如欠费，error-down）时，就需要使原本通过该路由器访问公网的流量经互联链路从另一台路由器访问公网。

任务要求：

1）在 HA-HAXiaoyuan-Edge01-Router 和 HA-HAXiaoyuan-Edge02-Router 上配置一条默认静态路由，下一跳为 Internet 固定下一跳地址 1.2.2.2 和 1.2.3.2。

2）配置校园网办公区和宿舍区到公网访问的静态路由，使得 HA-HAOffice-PC 和 HA-HADormitory-Client 能够对外网进行访问，能够通过 ping 1.2.2.2 和 1.2.3.2 来测试所配置的路由。

实训配置参考答案如下：

Internet 访问出口路由设计如图 5-3 所示。

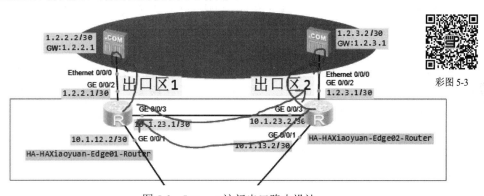

图 5-3　Internet 访问出口路由设计

> **说明**
>
> 箭头标注了出口 1/出口 2 到 Internet 默认路由的固定下一条分别为 1.2.2.2 和 1.2.3.2，以及出口 1/出口 2 互为备份路由。

1）校园网出口与公网互访静态路由配置。

```
[HA-HAXiaoyuan-Edge01-Router]ip route-static 0.0.0.0 0.0.0.0 1.2.2.2
```

```
//出口1到公网默认路由，固定下一跳1.2.2.2
[HA-HAXiaoyuan-Edge02-Router]ip route-static 0.0.0.0 0.0.0.0 1.2.3.2
//出口2到公网默认路由，固定下一跳1.2.3.2
```

2）出口备份路由配置：R2 和 R3 互联接口分别作为两条备份路由的下一跳。

在 HA-HAXiaoyuan-Edge01-Router 上配置一条默认静态路由，下一跳为 HA-HAXiaoyuan-Edge02-Router 上的 GE 0/0/3 地址，并将该路由器的优先级设为200。当节点 HA-HAXiaoyuan-Edge01-Router 出现故障时，校园网从出口1访问 Internet 的路由切换到 HA-HAXiaoyuan-Edge02-Router 静态备份路由上。

```
[HA-HAXiaoyuan-Edge01-Router]ip route-static 0.0.0.0 0.0.0.010.1.23.2
preference 200
```

在 HA-HAXiaoyuan-Edge02-Router 上配置一条默认静态路由，下一跳为 HA-HAXiaoyuan-Edge01-Router 上的 GE 0/0/3 地址，并将该路由器的优先级设为200。当节点 HA-HAXiaoyuan-Edge02-Router 出现故障时，校园网从出口2访问 Internet 的路由切换到 HA-HAXiaoyuan-Edge01-Router 静态备份路由上。

```
[HA-HAXiaoyuan-Edge02-Router]ip route-static 0.0.0.0 0.0.0.010.1.23.1
preference 200
```

8 任务8 远程运维管理

HA-HADC-Manage-Router 设备为网络管理设备，作为 Telnet 客户端对服务器（校园网内所有网络设备）进行远程管理。

任务要求与实现：

1）配置 Telnet 服务器。配置服务器的用户认证方式为 AAA 认证，用户名为 huawei，密码为 Huawei@123，加密形式为 cipher，服务类型为 telnet，配置服务器的用户权限等级（交换机为15级，路由器为3级），设置同时在线人数为5人，认证方式为 AAA。

同时在线人数可以通过 user-interface vty 来实现。例如，user-interface vty 0 9 代表可同时在线 10 人。由于设备数量众多，部分设备 Telnet 服务已进行预配，仅以下设备需进行 Telnet 服务配置：

HA-HAXiaoyuan-Edge01-Router

HA-HAXiaoyuan-Core01-S5700

HA-HZOffice-Acc01-S5700

Telnet 服务器实训配置参考答案如下。

HA-HAXiaoyuan-Edge01-Router：

```
[HA-HAXiaoyuan-Edge01-Router]aaa
[HA-HAXiaoyuan-Edge01-Router-aaa]local-user huaian password  cipher
huaian@123
[HA-HAXiaoyuan-Edge01-Router-aaa]local-user huaian privilege level 3
[HA-HAXiaoyuan-Edge01-Router-aaa]local-user huaian service-type telnet
[HA-HAXiaoyuan-Edge01-Router-aaa]q
[HA-HAXiaoyuan-Edge01-Router]user-interface vty 0 4
[HA-HAXiaoyuan-Edge01-Router-ui-vty0-4]authentication-mode aaa
```

HA-HAXiaoyuan-Core01-S5700：

```
[HA-HAXiaoyuan-Core01-S5700]aaa
[HA-HAXiaoyuan-Core01-S5700-aaa]local-user huaian password cipher
huaian@123
[HA-HAXiaoyuan-Core01-S5700-aaa]local-user huaian privilege level 15
[HA-HAXiaoyuan-Core01-S5700-aaa]local-user huaian service-type telnet
[HA-HAXiaoyuan-Core01-S5700-aaa]q
[HA-HAXiaoyuan-Core01-S5700]user-interface vty 0 4
[HA-HAXiaoyuan-Core01-S5700-ui-vty0-4]authentication-mode aaa
```

HA-HAOffice-Acc01-S5700：

```
[HA-HAOffice-Acc01-S5700]aaa
[HA-HAOffice-Acc01-S5700-aaa]local-user huaian password cipher huaian@123
[HA-HAOffice-Acc01-S5700-aaa]local-user huaian privilege level 3
[HA-HAOffice-Acc01-S5700-aaa]local-user huaian service-type telnet
[HA-HAOffice-Acc01-S5700-aaa]q
[HA-HAOffice-Acc01-S5700]user-interface vty 0 4
[HA-HAOffice-Acc01-S5700-ui-vty0-4]authentication-mode aaa
```

2）保证网络互通。在 HA-HADC-Manage-Router 设备上使用下一跳配置静态路由，使得该路由器与网络设备的管理地址段（192.168.200.0/24）能够互通。在 HA-HADC-Manage-R6140 设备上使用下一跳配置静态路由，使得该路由器与网络设备的管理地址段（192.168.200.0/24）能够互通。

保证网络互通实训配置参考答案如下。

HA-HADC-Manager-Router 路由器配置：

```
[HA-HADC-Manager-Router]ip route-static 192.168.200.0 255.255.255.0
10.1.14.1
```

 说明

在 HA-HAXiaoyuan-Core01-S5700 设备上使用下一跳配置静态路由，使得该路由器与 HZ-HZXiaoyuan-Edge01-Router 和 HA-HAXiaoyuan-Edge02-RO 设备的 LoopBack 0 地址（192.168.200.129/32 和 192.168.200.130/32）能够互通。

HA-HAXiaoyuan-Core01-S5700 交换机静态路由配置：

```
[HA-HAXiaoyuan-Core01-S5700]ip route-static 192.168.100.129 255.255.
255.255 10.1.12.2
[HA-HAXiaoyuan-Core01-S5700]ip route-static 192.168.200.130 255.255.
255.255 10.1.13.2
```

3）在 HA-HAXiaoyuan-Edge01-Router 和 HA-HAXiaoyuan-Edge02-Router 设备上分别使用下一跳配置静态路由，使得该路由器与 HA-HADC-Manage-Router 设备所在网段（10.1.14.0/30）能够互通。

实训配置参考答案如下：

```
HA-HAXiaoyuan-Edge01-Router
[HA-HAXiaoyuan-Edge01-Router]ip route-static 10.1.14.0 255.255.255.
252 10.1.12.1
```

```
HA-HAXiaoyuan-Edge02-Router
[HA-HAXiaoyuan-Edge02-Router]ip route-static 10.1.14.0 255.255.255.
252 10.1.13.1
```

4）在 HZ-HZDormitory-Acc01-S5731、HZ-HZOffice-Acc01-S5731 和 HZ-HZServer-Acc01-S5731 上使用下一跳配置默认路由，下一跳地址为 HZ-HZXiaoyuan-Core01-S5731 的 VLANIF 200（192.168.200.1/25）的地址（仅需配置 HZ-HZDormitory-Acc01-S5731，其余设备已完成预配置）。

实训配置参考答案如下：

```
HA-HADormitory-Acc01-S5700
[HA-HADormitory-Acc01-S5700]ip route-static 0.0.0.0 0.0.0.0 192.168.
200.1
```

任务验证：分别使用如下命令进行验证，查看数据的正确性。

1）使用 display ip routing-table 命令查看路由表。

2）使用 display ip int brief 命令查看接口 IP 地址。

3）使用 display interface brief 命令查看接口的简要信息。

4）使用 display current-configuration 命令显示当前配置文件。

5）使用 ping 命令查看设备之间连通性。

最终验证访问 Internet 连通性如图 5-4 所示，校园网建设项目设计与配置完成。

图 5-4　访问 Internet 连通性

5.2

网络系统建设与运维认证（中级）
（校园网建设项目）

本项目为网络系统建设与运维认证（中级）规划与建设案例，　校园网建设项目（中级）

模拟某高校校园网的规划与建设。校园网构建应用到 VLAN、RSTP、网络地址转换(NAT)、内部网关协议（IGP）、路由引入和 Telnet 远程登录等关键技术。

5.2.1　项目需求分析

高校校园网涉及交换机、路由器、无线设备和安全设备等多种网元。本项目中高校网用教育网出口，网络工程师对网络进行初始化部署与配置。

5.2.2　项目设计说明

项目设计思路如下：

1）网络进行初始化配置，包括设备命名及 VLAN 和IP 地址规划与配置。

2）部署 OSPF、静态路由使全网互通，保障底层网络的基础连通性。

3）对设备进行 RSTP、OSPF 区域认证等安全数据配置，保证网络的稳定性及安全性。

网络系统建设与运维认证中级实训拓扑如图 5-5 所示。

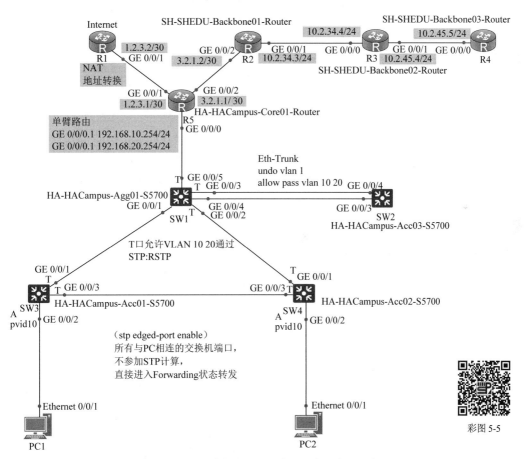

图 5-5　网络系统建设与运维认证中级实训拓扑

147

VLAN 信息规划如表 5-3 所示。

表 5-3　VLAN 信息规划

设备名称	端口	链路类型	VLAN 参数
HA-HACampus-Acc01-S5700	GE 0/0/1	Trunk	PVID:1 Allow pass:1 10 20
	GE 0/0/2	Access	PVID:10
	GE 0/0/3	Trunk	PVID:1 Allow pass:1 10 20
HA-HACampus-Acc02-S5700	GE 0/0/1	Trunk	PVID:1 Allow pass:1 10 20
	GE 0/0/2	Access	PVID:20
	GE 0/0/3	Trunk	PVID:1 Allow pass:1 10 20
HA-HACampus-Agg01-S5700	GE 0/0/1	Trunk	PVID:1 Allow pass:1 10 20
	GE 0/0/2	Trunk	PVID:1 Allow pass:1 10 20
	GE 0/0/5	Trunk	PVID:1 Allow pass:1 10 20
	Eth-Trunk1	Trunk	PVID:1 Allow pass:10 20
HA-HACampus-Acc03-S5700	Eth-Trunk1	Trunk	PVID:1 Allow pass:10 20

IP 地址规划如表 5-4 所示。

表 5-4　IP 地址规划

设备名称	接口	IP 地址
HA-HACampus-Core01-Router	GE 0/0/0.1	192.168.10.254/24
	GE 0/0/0.2	192.168.20.254/24
	GE 0/0/1	1.2.3.1/30
	GE 0/0/2	3.2.1.1/30
Internet	GE 0/0/1	1.2.3.2/30
SH-SHEDU-Backbone01-Router	GE 0/0/1	10.2.34.3/24
	GE 0/0/2	3.2.1.2/30
	LoopBack 0	3.3.3.3/32
SH-SHEDU-Backbone02-Router	GE 0/0/0	10.2.34.4/24
	GE 0/0/1	10.2.45.4/24
	LoopBack 0	4.4.4.4/32

设备名称	接口	IP 地址
SH-SHEDU-Backbone03-Router	GE 0/0/0	10.2.45.5/24
	LoopBack 0	5.5.5.5/32
HA-HALitrary-PC	Ethernet 0/0/1	192.168.10.1/24 GW:192.168.10.254/24
HA-HA;itrary-Client	Ethernet 0/0/1	192.168.20.1/24 GW:192.168.20.254/24

通过 eNSP 仿真模拟器构建实训拓扑,将设备相连接,根据 IP 地址规划和 VLAN 数据规划将数据配置到相应设备上,完成项目任务。

5.2.3 项目任务实施

1 任务 1 设备命名

任务要求:为方便日常维护、故障定位及网络优化,请根据图 5-5 对网络设备进行规范化命名,命名规则为:城市-设备的设置地点-设备的功能属性和序号-设备型号,节点设备的城市命名以淮安高校和上海高校为例。

例如,淮安校园网接入层交换机命名为:sysname HA-HACampus-Acc01-S5700,上海高校骨干路由器命名为:sysname SH-SHEDU-Backbone01-Router。

实训配置参考答案如下:

```
[Huawei] sysname HA-HACampus-Acc01-S5700
[Huawei] sysname HA-HACampus-Acc02-S5700
[Huawei] sysname HA-HACampus-Acc03-S5700
[Huawei] sysname HA-HACampus-Agg01-S5700
[Huawei] sysname HA-HACampus-Core01-Router
[Huawei] sysname SH-SHEDU-Backbone01-Router
[Huawei] sysname SH-SHEDU-Backbone02-Router
[Huawei] sysname SH-SHEDU-Backbone03-Router
```

2 任务 2 链路聚合应用

任务要求:园区本地服务器区为校园用户提供内网服务,为了保证链路的稳定性,同时在不升级硬件设备的前提下最大限度地提升带宽,在 Agg01 与 Acc03 之间配置链路聚合。要求通过 LACP 模式实现二层链路聚合,成员口为 GE 0/0/3、GE 0/0/4,链路聚合接口 ID 为 1。

实训配置参考答案如下。

HA-HACampus-Agg01-S5700:

```
[HA-HACampus-Agg01-S5700]interface Eth-Trunk1     //进入 Eth-Trunk1
[HA-HACampus-Agg01-S5700-Eth-Trunk1]mode lacp-static//设 LACP 静态模式
```

```
[HA-HACampus-Agg01-S5700-Eth-Trunk1]interface G0/0/3 //进入 GE 0/0/3
[HA-HACampus-Agg01-S5700-GigabitEthernet0/0/3]eth-trunk1
                                             //将 GE 0/0/3 添加进聚合端口
[HA-HACampus-Agg01-S5700-GigabitEthernet0/0/3]interface G0/0/4
[HA-HACampus-Agg01-S5700-GigabitEthernet0/0/4]eth-trunk1
```

HA-HACampus-Acc03-S5700：

```
[HA-HACampus-Acc03-S5700]interface Eth-Trunk1
[HA-HACampus-Acc03-S5700-Eth-Trunk1]modelacp-static
[HA-HACampus-Acc03-S5700-Eth-Trunk1]interface G0/0/3
[HA-HACampus-Acc03-S5700-GigabitEthernet0/0/3 ]eth-trunk1
[HA-HACampus-Acc03-S5700-Eth-Trunk1]interface G0/0/4
[HA-HACampus-Acc03-S5700-GigabitEthernet0/0/4]eth-trunk1
```

3 任务 3 VLAN 应用

任务要求：全网设备按照要求配置所需的 VLAN。请根据如图 5-5 所示的实训拓扑和如表 5-3 所示的 VLAN 信息，在对应交换机上配置所需的 VLAN。为了保证网络的连通性，交换机只允许题目中规定的 VLAN 通过。

实训配置参考答案如下。

HA-HACampus-Acc01-S5700：

```
[HA-HACampus-Acc01-S5700]vlan batch 10 20          //创立 VLAN 10 20
[HA-HACampus-Acc01-S5700]interface G0/0/1          //进入 GE 0/0/1
[HA-HACampus-Acc01-S5700-GigabitEthernet0/0/1]port link-type trunk
                                             //将 GE 0/0/1 设为 T 端
[HA-HACampus-Acc01-S5700-GigabitEthernet0/0/1] port trunk allow-
pass vlan 10 20
                                             // 允许 VLAN 10 20 通过
[HA-HACampus-Acc01-S5700-GigabitEthernet0/0/1]interface G0/0/2
[HA-HACampus-Acc01-S5700-GigabitEthernet0/0/2]port link-type access
[HA-HACampus-Acc01-S5700-GigabitEthernet0/0/2]port default vlan 10
[HA-HACampus-Acc01-S5700-GigabitEthernet0/0/2]interface G0/0/3
[HA-HACampus-Acc01-S5700-GigabitEthernet0/0/3]port link-type trunk
[HA-HACampus-Acc01-S5700-GigabitEthernet0/0/3]port trunk allow-pass
vlan 10 20
[HA-HACampus-Acc02-S5700]vlan batch 10 20
[HA-HACampus-Acc02-S5700]interface G0/0/1
[HA-HACampus-Acc02-S5700-GigabitEthernet0/0/1]port link-type trunk
[HA-HACampus-Acc02-S5700-GigabitEthernet0/0/1] port trunk allow-
pass vlan 10 20
[HA-HACampus-Acc02-S5700-GigabitEthernet0/0/1]interface G0/0/2
[HA-HACampus-Acc02-S5700-GigabitEthernet0/0/2]port link-type access
[HA-HACampus-Acc02-S5700-GigabitEthernet0/0/1]port default vlan 20
[HA-HACampus-Acc02-S5700-GigabitEthernet0/0/1]interface G0/0/3
```

```
[HA-HACampus-Acc02-S5700-GigabitEthernet0/0/3]port link-type trunk
[HA-HACampus-Acc02-S5700-GigabitEthernet0/0/1]port trunk allow-pass
vlan 10 20
```

HA-HACampus-Agg01-S5700:

```
[HA-HACampus-Agg01-S5700] vlan batch 10 20
[HA-HACampus-Agg01-S5700]interface Eth-Trunk1
[HA-HACampus-Agg01-S5700-Eth-Trunk1]port link-type trunk
                                          //将聚合端口设为 T 端口
[HA-HACampus-Agg01-S5700-Eth-Trunk1]undo port trunk allow-pass vlan 1
                                          //不允许 VLAN 1 通过
[HA-HACampus-Agg01-S5700-Eth-Trunk1]port trunk allow-pass vlan 10 20
                                          //允许 VLAN 10 20 通过
[HA-HACampus-Agg01-S5700-Eth-Trunk1]interface G0/0/1
[HA-HACampus-Agg01-S5700-GigabitEthernet0/0/1]port link-type trunk
[HA-HACampus-Agg01-S5700-GigabitEthernet0/0/1]porttrunk allow-pass
vlan 10 20
[HA-HACampus-Agg01-S5700-GigabitEthernet0/0/1]interface G0/0/2
[HA-HACampus-Agg01-S5700-GigabitEthernet0/0/2]port link-type trunk
[HA-HACampus-Agg01-S5700-GigabitEthernet0/0/2] port trunk allow-
pass vlan 10 20
[HA-HACampus-Agg01-S5700-GigabitEthernet0/0/2]interface G0/0/5
[HA-HACampus-Agg01-S5700-GigabitEthernet0/0/5]port link-type trunk
[HA-HACampus-Agg01-S5700-GigabitEthernet0/0/5] port trunk allow-
pass vlan 10 20
```

HA-HACampus-Acc03-S5700：

```
[HA-HACampus-Acc03-S5700]interface Eth-Trunk1
[HA-HACampus-Acc03-S5700-Eth-Trunk1]port link-typetrunk
[HA-HACampus-Acc03-S5700-Eth-Trunk1]undo port trunk allow-pass vlan 1
[HA-HACampus-Acc03-S5700-Eth-Trunk1]port trunk allow-pass vlan 10 20
```

4　任务 4 IP 编址

任务要求：根据如图 5-5 所示的实训拓扑和如表 5-4 所示的 IP 地址规划给出的信息，配置对应网络设备接口的 IP 地址。

> **说明**
>
> 只配四台路由器的 IP 地址，不配交换机的三层 VLANIF 接口的 IP 地址，因为在核心路由器 Core01-Router-GigabitEthernet 0/0/0 上启用了两个子接口 GigabitEthernet 0/0/0.1 和 GigabitEthernet 0/0/0.2 作为 VLAN 10 和 VLAN 20 的网关。

实训配置参考答案如下。

HA-HACampus-Core01-Router 路由器配置:

```
[HA-HACampus-Core01-Router]interface G0/0/0.1 //进入 GE 0/0/0.1 子接口
[HA-HACampus-Core01-Router-GigabitEthernet0/0/0.1]
dot1q termination vid 10                      //设置单臂路由子接口
[HA-HACampus-Core01-Router-GigabitEthernet0/0/0.1]
ip address 192.168.10.254 255.255.255.0       //设置 IP 地址
[HA-HACampus-Core01-Router-GigabitEthernet0/0/0.1] arp broadcast enable
//启用子接口
[HA-HACampus-Core01-Router-GigabitEthernet0/0/0.1]interface G0/0/0.2
                                         //进入 GE 0/0/0.2
[HA-HACampus-Core01-Router-GigabitEthernet0/0/0.2] dot1q termination
vid 20
                                         //设置单臂路由子接口
[HA-HACampus-Core01-Router-GigabitEthernet0/0/0.2]
ip address 192.168.20.254 255.255.255.0       //设置 IP 地址
[HA-HACampus-Core01-Router-GigabitEthernet0/0/0.2] arp broadcast enable
//启用子接口
[HA-HACampus-Core01-Router-GigabitEthernet0/0/0.2]interface G0/0/1
//进入 GE 0/0/16
[HA-HACampus-Core01-Router-GigabitEthernet0/0/1]ip address 1.2.3.1 24
[HA-HACampus-Core01-Router-GigabitEthernet0/0/2]interface G0/0/2
[HA-HACampus-Core01-Router-GigabitEthernet0/0/2]ip address 3.2.1.1 30
```

SH-SHEDU-Backbone01-Router 路由器配置:

```
[SH-SHEDU-Backbone01-Router]interface GigabitEthernet0/0/1
[SH-SHEDU-Backbone01-Router-GigabitEthernet0/0/1]ip address 10.2.34.3 24
[SH-SHEDU-Backbone01-Router-GigabitEthernet0/0/1]interface G0/0/2
[SH-SHEDU-Backbone01-Router-GigabitEthernet0/0/2]ip address 3.2.1.2 30
[SH-SHEDU-Backbone01-Router-GigabitEthernet0/0/1]interface LoopBack0
[SH-SHEDU-Backbone01-Router-LoopBack0]ipaddress 3.3.3.3 255.255.255.255
```

SH-SHDU-Backbone02-Router 路由器配置:

```
[SH-SHEDU-Backbone02-Router]interface G0/0/0
[SH-SHEDU-Backbone02-Router-GigabitEthernet0/0/0]ip address 10.2.
34.4 24
[SH-SHEDU-Backbone02-Router-GigabitEthernet0/0/0]interface G0/0/1
[SH-SHEDU-Backbone02-Router-GigabitEthernet0/0/1]ip address 10.2.
45.4 24
[SH-SHEDU-Backbone02-Router-GigabitEthernet0/0/1]interface LoopBack0
[SH-SHEDU-Backbone02-Router-LoopBack0] ip address 4.4.4.4 32
```

SH-SHEDU-Backbone03-Router 路由器配置:

```
[SH-SHEDU-Backbone03-Router]interface G0/0/0
[SH-SHEDU-Backbone03-Router -GigabitEthernet0/0/0]ip address 10.2.45.5 24
[SH-SHEDU-Backbone03-Router -GigabitEthernet0/0/0]interface LoopBack0
[SH-SHEDU-Backbone03-Router-LoopBack0]ip address 5.5.5.5 32
```

Internet 路由器配置：

```
[Internet]interface G0/0/1
[Internet-GigabitEthernet0/0/1]ip address 1.2.3.2 255.255.255.252
```

5　任务 5 RSTP

任务要求：为了防止二层网络中出现环路和提高网络的可靠性，在 Acc01、Acc02 和 Agg01 之间配置 STP 协议。STP 模式为 RSTP。设置 Agg01 的优先级为 4096，使其成为根桥。

实训数据配置参考答案如下。

HA-HACampus-Acc01-S5700：

```
[HA-HACampus-Acc01-S5700]stp mode rstp      //配置 STP 协议
[HA-HACampus-Acc02-S5700]stp mode rstp      //配置 STP 协议
[HA-HACampus-Agg01-S5700]stp mode rstp      //配置 STP 协议
stp priority 4096                           //设置优先级为 4094 并使其成为根桥
```

为了最大限度地保证网络的稳定性，避免主机频繁重启导致的网络波动，要求所有与 PC 相连的交换机端口不参加 STP 计算，直接进入 Forwarding 状态转发。

HA-HACampus-Acc01-S5700：

```
[HA-HACampus-Acc01-S5700]interface G0/0/2       //进入 GE 0/0/2
[HA-HACampus-Acc01-S5700-GigabitEthernet0/0/2]stp edged-port enable
                                                //启用 STP 协议
```

HA-HACampus-Acc02-S5700：

```
[HA-HACampus-Acc02-S5700]interface G0/0/2       //进入 GE 0/0/2
[HA-HACampus-Acc02-S5700-GigabitEthernet0/0/2]stp edged-port enable
                                                //启用 STP 协议
```

6　任务 6 OSPF

OSPF 是 IETF 定义的一种基于链路状态的内部网关路由协议，具有扩展性强和收敛速度快的特点，在网络系统建设项目中被广泛使用。IPv4 协议使用的是 OSPF Version 2（RFC2328），IPv6 协议使用的是 OSPF Version 3（RFC2740）。

OSPF 具有如下优点：

1）基于 SPF 算法，以"累计链路开销"作为选路参考值。

2）采用组播形式收发部分协议报文。

3）支持区域划分。

4）支持对等价路由进行负载分担。

5）支持报文认证。

OSPF 应用场景：大型企业网络中通常部署 OSPF 实现各个楼宇的网络之间的路由可达，核心和汇聚层部署在 OSPF 骨干区域，接入和汇聚层部署在 OSPF 非骨干区域。

7 任务 7 出口设计

为了满足校园网和企业网对外访问 Internet 和教育网的需求，需要在出口路由器上设置静态路由访问外网，考虑网络的安全性，还要应 NAT、ACL 等技术提高网络的安全性和稳定性。

出口设计经常使用的技术有如下几种。

（1）静态路由

静态路由是指由管理员手动配置和维护的路由。静态路由虽然配置简单，无须像动态路由那样占用路由器的 CPU 资源来计算和分析路由更新，但是当网络拓扑发生变化时，静态路由不会自动适应拓扑改变，而是需要管理员手动进行调整，不方便网络管理员日常网络维护。

静态路由应用场景：一般适用于结构简单的网络，如果在复杂网络环境中合理地配置一些静态路由，也可以改进网络的性能。

（2）NAT 技术

NAT 技术是针对 IP 数据报文中的 IP 地址进行转换，是一种在现网中被广泛部署的技术，一般部署在网络出口设备，例如路由器或防火墙上。一方面，NAT 技术通过使用私有地址并结合地址转换，有效地缓解了 IPv4 地址短缺的问题，节约了公网 IPv4 地址的使用。另一方面，NAT 技术让外网无法直接与使用私有地址的内网进行通信，提升了内网的安全性。

NAT 技术应用场景：NAT 技术主要用于实现内部网络的主机访问外部网络的功能。在私有网络内部（如园区、家庭）使用私有地址，出口设备部署 NAT，对于"从内到外"的流量，网络设备通过 NAT 将数据包的源地址转换成特定的公有地址，而对于"从外到内的"流量，则对数据包的目的地址进行转换。

（3）ACL 技术

ACL 是由 permit 或 deny 语句组成的一系列有顺序的规则的集合。ACL 技术具有如下特点：

1）ACL 通过匹配报文的相关字段实现对报文的分类。可以通过对网络中报文流的精确识别，控制网络访问行为，防止网络攻击，提高网络带宽利用率，保障网络环境的安全性和网络服务质量的可靠性。

2）ACL 能够匹配一个 IP 数据包中的源 IP 地址、目的 IP 地址、协议类型、源目的端口等元素的基础性工具；ACL 还能够用于匹配路由条目。

ACL 访问控制列表应用场景：

1）保障关键业务带宽。在企业网络中，不同业务对网络带宽的需求不同，通过 ACL 可以识别并标记关键业务的流量，如语音通话、视频会议等，使用 ACL 为这些业务分配较高的优先级和足够的带宽，确保其在网络拥塞时也能正常运行，从而提高关键业务的服务质量，保障用户体验。

2）限制非关键业务流量：网络中的非关键业务，如文件下载、P2P 应用等，可以通过 ACL 限制其带宽使用，避免这些流量过度占用网络带宽，导致关键业务的带宽不足。通过使用 ACL 技术限流可以合理分配网络资源，提高网络的整体性能和效率。

3）流量负载均衡：利用 ACL 结合路由策略在多链路网络环境中实现流量的负载均衡。如根据不同的源 IP 地址、目的 IP 地址或端口号等条件，将流量分配到不同的链路上，充分利用多条链路的带宽资源，避免某条链路出现过载，提升网络的吞吐量。

8　任务 8　路由引入

路由引入（route redistribution）也叫路由重分布，是指在不同的路由协议之间交换和传播路由信息的技术。路由引入的目的是让使用一种路由协议的路由器能够学习到其他路由协议所发现的路由，从而实现整个网络的互联互通。例如，在一个企业网络中，部分网络区域使用 OSPF 协议来实现内部高效的路由计算，而与外部网络连接的边界路由器可能使用静态路由与运营商网络通信。通过路由引入，边界路由器可以将静态路由学到的路由信息引入到内部 OSPF 区域，让内部网络中的设备能够访问外部网络。

路由引入应用场景：企业并购或者网络升级可能会出现原来不同部门或子公司使用不同路由协议的情况，如一个企业的网络使用 RIP 协议，而被并购的另一个企业网络使用 OSPF 协议。在整合采用不同路由协议的异构网络时，需要在边界路由器上应用路由引入技术。可以将 RIP 路由引入到 OSPF 网络中，实现两个网络的整合。整合完成后，企业内部的所有网络设备就能够相互通信，共享资源。此外，企业可以根据网络规划，利用路由策略来控制引入的路由范围，例如只引入特定子网的 RIP 路由，以减少不必要的网络流量和降低安全风险。

9　任务 9　Telnet

Telnet 是一种基于 TCP/IP 协议族的应用层网络协议，它允许用户通过客户端与服务器进行通信，使用户所在的本地计算机暂时成为远程主机的一个仿真终端，从而能够登录进入远程主机系统，并像在本地操作一样执行各种命令、访问文件等。

Telnet 的作用如下。

1）远程访问与控制：用户可以在本地计算机上通过 Telnet 客户端连接到远程主机，登录后获得远程主机的命令行界面，进而执行各种操作命令，实现对远程计算机的远程控制和管理，就如同直接在远程主机前操作一样。

2）系统管理与维护：方便系统管理员远程管理服务器、网络设备等，进行诸如配置网络参数、安装软件、启动或停止服务、查看系统日志等操作，无需到设备现场，提高管理效率。

3）资源共享与利用：使用户能够访问和利用远程主机上的资源，如数据文件、数据库、应用程序等，而这些资源可能是本地计算机所没有的，从而实现资源的共享和整合。

4）网络诊断与测试：可用于检测远程主机的某个端口是否开放，测试网络连接是否正常，帮助管理员快速定位网络故障点，诊断网络问题。

Telnet 的应用场景如下。

1）远程服务器管理：管理员通过 Telnet 远程登录到服务器，进行系统配置、软件安装与升级、用户管理、性能监测等操作，确保服务器的正常运行和高效性能。

2）网络设备配置：用于配置路由器、交换机等网络设备，修改设备的配置参数、查看设备运行状态、诊断网络连接问题等，保障网络的稳定运行和互联互通。

5.3

网络系统建设与运维认证（中级）
（企业网建设项目）

某公司为满足日常办公需求，决定为财务部、项目管理部和服务器群建立互联互通网络。其中，为方便项目管理部开展业务，需要能够自动获取公司 DNS 服务器 IP 地址。公司已经申请了一条互联网专线并配有一个公网 IP，希望所有员工都能访问 Internet。后期规划所有设备由网络管理员进行远程管理。

企业网建设项目
（中级）

5.3.1 项目需求分析

服务器群交换机使用两条链路连接到核心交换机，这两条链路可以配置端口聚合，防止单链路出现故障。财务部和项目管理部处于同一区域，各部门交换机使用一条链路连接到核心交换机，为防止单链路故障，可以在财务部交换机和项目管理部交换机上采用一条链路互联，当上行链路出现故障时可以通过其他部门的交换机到达核心交换机。采用这种方式连接时，三台交换机会形成环路，可以采用生成树解决该问题。

项目管理部为方便员工获取 DNS 服务器 IP 地址，可以采用 DHCP 方式为该局域网自动分配 IP 地址及 DNS 地址。核心交换机、服务器群交换机和出口路由器均采用三层互联，可以配置动态路由协议自动学习路由实现全网互联互通。

公司有一个公网 IP 地址，各部门所有员工都有访问 Internet 的需求，可以在出口路由器上配置 NAT。

为方便网络管理员对设备进行远程管理，需要启用所有设备的 SSH 协议服务。

综上，本项目实施具体有以下工作任务：

1）根据网络拓扑需求分析，对本项目做详细规划设计。

2）根据规划完成设备的调试。

3）验收测试项目是否达到预期效果。

5.3.2 项目设计说明

企业网建设项目设计包含接入层、核心层和汇聚层。接入层设备有 SW3、SW4 和

SW2，分别接入财务部业务、项目管理部业务和服务器群业务；核心层设备是 SW1，负责接入层交换机业务接入，汇聚层设备是 R1，负责企业网访问 Internet。

企业网建设项目拓扑如图 5-6 所示。

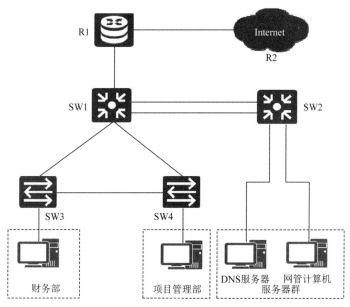

图 5-6　企业网建设项目拓扑

VLAN 规划、设备管理规划、端口互联规划、IP 地址规划和 SSH 服务规划分别如表 5-5～表 5-9 所示。

表 5-5　VLAN 规划

VLAN-ID	VLAN 命名	网段	用途
VLAN 10	FA	192.168.10.0/24	财务部
VLAN 20	PM	192.168.20.0/24	项目管理部
VLAN 90	DC	192.168.90.0/24	服务器群
VLAN 100	SW-MGMT	192.168.100.0/24	交换机管理
VLAN 201	SW1-R1	10.1.1.0/30	交换机 SW1 与路由器 R1 互联

表 5-6　设备管理规划

设备类型	型号	设备命名	登录密码
路由器	R2220	R2	huawei123
路由器	R2220	R1	huawei123
三层交换机	S5700	SW1	huawei123
三层交换机	S5700	SW2	huawei123
二层交换机	S3700	SW3	huawei123
二层交换机	S3700	SW4	huawei123

表 5-7 端口互联规划

本端设备	本端端口	端口配置	对端设备	对端端口
R2	GE 0/0/0	IP:16.16.16.16/24	R1	GE 0/0/0
R1	GE 0/0/0	IP:16.16.16.1/24	R2	GE 0/0/0
R1	GE 0/0/1	IP:10.1.1.2/30	SW1	GE 0/0/24
SW1	GE 0/0/1	Trunk	SW3	GE 0/0/1
SW1	GE 0/0/2	Trunk	SW4	GE 0/0/1
SW1	GE 0/0/21	Eth-Trunk	SW2	GE 0/0/21
SW1	GE 0/0/22	Eth-Trunk	SW2	GE 0/0/22
SW1	GE 0/0/24	IP:10.1.1.1/30	R1	GE 0/0/1
SW2	GE 0/0/1-10	VLAN 90	服务器群	
SW2	GE 0/0/21	Eth-Trunk	SW1	GE 0/0/21
SW2	GE 0/0/22	Eth-Trunk	SW1	GE 0/0/22
SW3	Ethernet 1-20	VLAN 10	财务部	
SW3	GE 0/0/1	Trunk	SW1	GE 0/0/1
SW3	GE 0/0/2	Trunk	SW4	GE 0/0/2
SW4	Ethernet 1-20	VLAN 20	项目管理部	
SW4	GE 0/0/1	Trunk	SW1	GE 0/0/2
SW4	GE 0/0/2	Trunk	SW3	GE 0/0/2

表 5-8 IP 地址规划

设备命名	接口	IP 地址	用途
R1	GE 0/0/0	16.16.16.1/24	路由器 R1 与 Internet 互联
R1	GE 0/0/1	10.1.1.2/30	路由器 R1 与 SW1 互联
SW1	VLANIF 10	192.168.10.1/24	财务网关
SW1	VLANIF 20	192.168.20.1/24	项目管理部网关
SW1	VLANIF 100	192.168.100.1/24	设备管理地址网关
SW1	VLANIF 201	10.1.1.1/30	交换机 SW1 与路由器 R1 互联
SW2	VLANIF 90	192.168.90.1/24	服务器群网关
SW2	VLANIF 100	192.168.100.2/24	设备管理地址
SW3	VLANIF 100	192.168.100.3/24	设备管理地址
SW4	VLANIF 100	192.168.100.4/24	设备管理地址
DNS	Ethernet 0	192.168.90.100/24	DNS 服务器 IP

表 5-9 SSH 服务规划

型号	设备命名	SSH 用户名	密码	用户等级	VTY 认证方式
S5700	SW1	admin	HwEdu12#$	15	AAA
S5700	SW2	admin	HwEdu12#$	15	AAA
S3700	SW3	admin	HwEdu12#$	15	AAA
S3700	SW4	admin	HwEdu12#$	15	AAA

5.3.3　项目任务实施

1　设备连接及应用

企业网建设典型技术应用如图 5-7 所示。

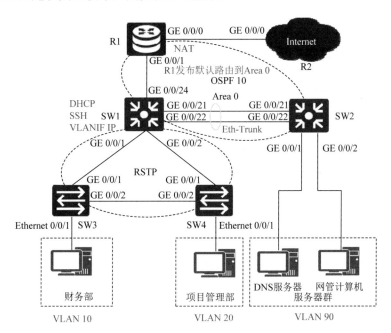

彩图 5-7

图 5-7　企业网建设典型技术应用

2　实训配置

任务 1：VLAN 配置。

1）在交换机 SW1、SW2、SW3、SW4 上创建 VLAN 并备注描述 VLAN 的作用。

SW1：

```
<Huawei>system-view                          //进入系统视图
[Huawei] sysname SW1                         //修改设备名称为 SW1
[SW1] vlan 10                                //创建 VLAN 10
[SW1-vlan10] description FA                   //修改 VLAN 10 备注为 FA
[SW1] vlan 20                                //创建 VLAN 20
[SW1-vlan20] description PM                   //修改 VLAN 20 备注为 PM
[SW1] vlan 100                               //创建 VLAN 100
[SW1-vlan100] description SW-MGMT             //修改 VLAN 100 备注为 SW-MGMT
[SW1] vlan 201                               //创建 VLAN 201
[SW1-vlan201] description SW1-R1              //修改 VLAN 201 备注为 SW1-R1
```

SW2：

```
<Huawei>system-view                          //进入系统视图
```

```
[Huawei] sysname SW2                        //修改设备名称为 SW2
[SW2] vlan 90                               //创建 VLAN 90
[SW2-vlan90] description DC                  //修改 VLAN 90 备注为 DC
[SW2] vlan 100                              //创建 VLAN 100
[SW2-vlan100] description SW-MGMT            //修改 VLAN 100 备注为 SW-MGMT
```

SW3：

```
<Huawei>system-view                         //进入系统视图
[Huawei] sysname SW3                        //修改设备名称为 SW3
[SW3] vlan 10                               //创建 VLAN 10
[SW3-vlan10] description FA                  //修改 VLAN 10 备注为 FA
[SW3] vlan 20                               //创建 VLAN 20
[SW3-vlan20] description PM                  //修改 VLAN 20 备注为 PM
[SW3] vlan 100                              //创建 VLAN 100
[SW3-vlan100] description SW-MGMT            //修改 VLAN 100 备注为 SW-MGMT
```

SW4：

```
<Huawei>system-view                         //进入系统视图
[Huawei] sysname SW4                        //修改设备名称为 SW4
[SW4] vlan 10                               //创建 VLAN 10
[SW4-vlan10] description FA                  //修改 VLAN 10 备注为 FA
[SW4] vlan 20                               //创建 VLAN 20
[SW4-vlan20] description PM                  //修改 VLAN 20 备注为 PM
[SW4] vlan 100                              //创建 VLAN 100
[SW4-vlan100] description SW-MGMT            //修改 VLAN 100 备注为 SW-MGMT
```

2）在交换机 SW1、SW2、SW3、SW4 上将接口划分给 VLAN。

SW1：

```
[SW1] interface GigabitEthernet 0/0/24     //进入 GE0/0/24 接口
[SW1-GigabitEthernet 0/0/24] port link-type access  //配置接口模式为 Access
[SW1-GigabitEthernet 0/0/24] port default vlan 201
                                            //配置接口默认 VLAN 为 VLAN 201
[SW1-GigabitEthernet 0/0/24] quit          //退出
```

SW2：

```
[SW2] port-group 1                          //创建端口组 1
[SW2-port-group-1] group-member GE 0/0/1 to GE 0/0/10
                           //将 GE 0/0/1～GE 0/0/10 接口加入到端口组中
[SW2-port-group-1] port link-type access    //配置接口模式为 Access
[SW2-port-group-1] port default vlan 90     //配置接口默认 VLAN 为 VLAN 90
[SW2-port-group-1] quit                     //退出
```

SW3：

```
[SW3] port-group 1                          //创建端口组 1
[SW3-port-group-1] group-member Eth 0/0/1 to Eth 0/0/20
                    //将 Ethernet 0/0/1～Ethernet 0/0/20 接口加入到端口组中
[SW3-port-group-1] port link-type access    //配置接口模式为 Access
[SW3-port-group-1] port default vlan 10     //配置接口默认 VLAN 为 VLAN 10
[SW3-port-group-1] quit                     //退出
```

SW4：

```
[SW4] port-group 1                              //创建端口组 1
[SW4-port-group-1] group-member Eth 0/0/1 to Eth 0/0/20
                        //将 Ethernet 0/0/1～Ethernet 0/0/20 接口加入到端口组中
[SW4-port-group-1] port link-type access      //配置接口模式为 Access
[SW4-port-group-1] port default vlan 20 //配置接口默认 VLAN 为 VLAN 20
[SW4-port-group-1] quit                         //退出
```

任务 2：以太网配置。

1）配置交换机 SW1、SW3、SW4 的互联接口为 Trunk 模式，配置 Trunk 放通相应 VLAN。

SW1：

```
[SW1] interface GigabitEthernet 0/0/1          //进入 GE0/0/1 接口
[SW1-GigabitEthernet 0/0/1] port link-type trunk //配置接口模式为 Trunk
[SW1-GigabitEthernet 0/0/1] port trunk allow-pass vlan 10 20 100
                                //配置 Trunk 放通 VLAN 10、20、100
[SW1-GigabitEthernet 0/0/1] quit               //退出
[SW1] interface GigabitEthernet 0/0/2          //进入 GE0/0/2 接口
[SW1-GigabitEthernet 0/0/2] port link-type trunk //配置接口模式为 Trunk
[SW1-GigabitEthernet 0/0/2] port trunk allow-pass vlan 10 20 100
                                //配置 Trunk 放通 VLAN 10、20、100
[SW1-GigabitEthernet 0/0/2] quit    //退出
```

SW3：

```
[SW3] interface GigabitEthernet 0/0/1          //进入 GE0/0/1 接口
[SW3-GigabitEthernet 0/0/1] port link-type trunk //配置接口模式为 Trunk
[SW3-GigabitEthernet 0/0/1] port trunk allow-pass vlan 10 20 100
                                //配置 Trunk 放通 VLAN 10、20、100
[SW3-GigabitEthernet 0/0/1] quit               //退出
[SW3] interface GigabitEthernet 0/0/2          //进入 GE0/0/2 接口
[SW3-GigabitEthernet 0/0/2] port link-type trunk //配置接口模式为 Trunk
[SW3-GigabitEthernet 0/0/2] port trunk allow-pass vlan 10 20 100
                                //配置 Trunk 放通 VLAN 10、20、100
[SW3-GigabitEthernet 0/0/2] quit    //退出
```

SW4：

```
[SW4] interface GigabitEthernet 0/0/1          //进入 GE 0/0/1 接口
[SW4-GigabitEthernet 0/0/1] port link-type trunk //配置接口模式为 Trunk
[SW4-GigabitEthernet 0/0/1] port trunk allow-pass vlan 10 20 100
                                //配置 Trunk 放通 VLAN 10、20、100
[SW4-GigabitEthernet 0/0/1] quit               //退出
[SW4] interface GigabitEthernet 0/0/2          //进入 GE 0/0/2 接口
[SW4-GigabitEthernet 0/0/2] port link-type trunk //配置接口模式为 Trunk
[SW4-GigabitEthernet 0/0/2] port trunk allow-pass vlan 10 20 100
                                //配置 Trunk 放通 VLAN 10、20、100
[SW4-GigabitEthernet 0/0/2] quit    //退出
```

2）配置核心交换机 SW1 与服务器群交换机 SW2 互联链路为 Eth-Trunk，配置接口模式为 Trunk 并放通相应 VLAN。

SW1:

```
[SW1] interface Eth-Trunk 1                        //创建 Eth-Trunk 接口 1
[SW1-Eth-Trunk1] port link-type trunk              //配置接口模式为 Trunk
[SW1-Eth-Trunk1] port trunk allow-pass vlan 100    //配置 Trunk 放通 VLAN 100
[SW1-Eth-Trunk1] quit                              //退出
[SW1] interface gi0/0/21                            //进入 GE 0/0/21 接口
[SW1-GigabitEthernet0/0/21] eth-trunk 1             //加入 Eth-Trunk 1
[SW1] interface gi0/0/22                            //进入 GE 0/0/22 接口
[SW1-GigabitEthernet0/0/22] eth-trunk 1             //加入 Eth-Trunk 1
[SW1-GigabitEthernet0/0/22] quit                    //退出
```

SW2:

```
[SW2] interface Eth-Trunk 1                        //创建 Eth-Trunk 接口 1
[SW2-Eth-Trunk1] port link-type trunk              //配置接口模式为 Trunk
[SW2-Eth-Trunk1] port trunk allow-pass vlan 100    //配置 Trunk 放通 VLAN 100
[SW2-Eth-Trunk1] quit                              //退出
[SW2] interface gi0/0/21                            //进入 GE 0/0/21 接口
[SW2-GigabitEthernet0/0/21] eth-trunk 1             //加入 Eth-Trunk 1
[SW2] interface gi0/0/22                            //进入 GE 0/0/22 接口
[SW2-GigabitEthernet0/0/22] eth-trunk 1             //加入 Eth-Trunk 1
[SW2-GigabitEthernet0/0/22] quit                    //退出
```

3）在 SW1、SW3 和 SW4 交换机开启多生成树，指定核心交换机的生成树优先级，配置连接 PC 的接口为生成树边缘端口。

SW1:

```
[SW1] stp enable                    //开启生成树
[SW1] stp mode rstp                 //配置生成树模式为 RSTP
[SW1] stp priority 4096             //配置生成树优先级为 4096
```

SW3:

```
[SW3] stp enable                            //开启生成树
[SW3] stp mode rstp                         //配置生成树模式为 RSTP
[SW3] port-group 1                          //进入端口组 1
[SW3-port-group-1] stp edged-port enable    //配置端口为生成树边缘端口
[SW3-port-group-1] quit                     //退出
```

SW4:

```
[SW4] stp enable                            //开启生成树
[SW4] stp mode rstp                         //配置生成树模式为 RSTP
[SW4] port-group 1                          //进入端口组 1
[SW4-port-group-1] stp edged-port enable    //配置端口为生成树边缘端口
[SW4-port-group-1] quit                     //退出
```

任务 3：IP 业务配置。

1）在 SW1、SW2、SW3、SW4 交换机的 VLANIF 接口和路由器 R1 的 GE 接口上配置 IP 地址。

IP 地址配置如图 5-8 所示。

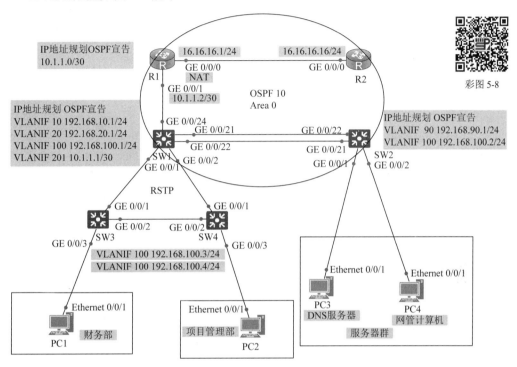

图 5-8   IP 地址配置

SW1：

```
[SW1] interface Vlanif 10                       //进入 VLANIF 10 接口视图
[SW1-Vlanif10] ip address 192.168.10.1 24       //配置 IP 地址为 10
[SW1-Vlanif10] quit                             //退出接口视图
[SW1] interface Vlanif 20                        //进入 VLANIF 20 接口视图
[SW1-Vlanif20] ip address 192.168.20.1 24       //配置 IP 地址为 20
[SW1-Vlanif20] quit                             //退出接口视图
[SW1] interface Vlanif 100                       //进入 VLANIF 100 接口视图
[SW1-Vlanif100] ip address 192.168.100.1 24 //配置 IP 地址为 192.168.
100.1/24
[SW1-Vlanif100] quit                            //退出接口视图
[SW1] interface Vlanif 201                        //进入 VLANIF 201 接口视图
[SW1-Vlanif201] ip address 10.1.1.1 30          //配置 IP 地址为 10.1.1.1/30
[SW1-Vlanif201] quit
```

SW2：

```
[SW2] interface Vlanif 90                        //进入 VLANIF 90 接口视图
[SW2-Vlanif90] ip address 192.168.90.1 24       //配置 IP 地址为 192.168.
```

90.1/24

```
[SW2-Vlanif90] quit                          //退出接口视图
[SW2] interface Vlanif 100                   //进入 VLANIF 100 接口视图
[SW2-Vlanif100] ip address 192.168.100.2 24 //配置 IP 地址为 192.168.
100.2/24
[SW2-Vlanif100] quit                         //退出接口视图
```

SW3:

```
[SW3] interface Vlanif 100                   //进入 VLANIF 100 接口视图
[SW3-Vlanif100] ip address 192.168.100.3 24
                                             //配置 IP 地址为 192.168. 100.3/24
[SW3-Vlanif100] quit                         //退出接口视图
```

SW4:

```
[SW4] interface Vlanif 100                   //进入 VLANIF 100 接口视图
[SW4-Vlanif100] ip address 192.168.100.4 24
                                             //配置 IP 地址为 192.168. 100.4/24
[SW4-Vlanif100] quit                         //退出接口视图
```

R1:

```
<Huawei>system-view                          //进入系统视图
[Huawei] sysname R1                          //修改设备名称为 R1
[R1] interface GigabitEthernet 0/0/0         //进入 GE 0/0/0 接口
[R1-GigabitEthernet0/0/0] ip address 16.16.16.1 24
                                             //配置 IP 地址为 16.16.16.1/24
[R1] interface GigabitEthernet 0/0/1         //进入 GE 0/0/1 接口
[R1-GigabitEthernet0/0/1] ip address 10.1.1.2 30
                                             //配置 IP 地址为 10.1.1.2/30
```

R2:

```
<Huawei>system-view                          //进入系统视图
[Huawei] sysname R2                          //修改设备名称为 R2
[R2] interface GigabitEthernet 0/0/0         //进入 GE 0/0/0 接口
[R2-GigabitEthernet0/0/0] ip address 16.16.16.16 24
                                             //配置 IP 地址为 16.16.16.16/24
```

2）在核心交换机 SW1 上对 VLAN 20 启用 DHCP，配置客户端从接口地址池中获取 IP 地址。

SW1:

```
[SW1]dhcp enable                             //全局开启 DHCP 功能
[SW1]interface vlanif 20                      //进入 VLANIF 20 接口
[SW1-Vlanif20]dhcp select interface          //配置客户端从接口地址池中获取 IP 地址
[SW1-Vlanif20]dhcp server dns-list 192.168.90.100
                                             //配置客户端从 DHCP 服务器获取 DNS 地址
[SW1-Vlanif20]quit                           //退出
```

任务 4：路由配置。

1）在路由器 R1，交换机 SW1、SW2 上启用 OSPF 路由协议，并将对应网段加入到 OSPF 区域 0 中，R1 将默认路由通告到 OSPF 区域。（在 R1 上增加默认路由预配数据：ip route-static 0.0.0.0 0 16.16.16.16。）

R1：

```
[R1]ospf 10                                      //创建 OSPF 进程 10
[R1-ospf-10]area 0                               //进入 OSPF 区域 0
[R1-ospf-10-area-0.0.0.0]network 10.1.1.0 0.0.0.3
                                                 //将 10.1.1.0/30 加入到区域 0
[R1-ospf-10-area-0.0.0.0]quit                    //退出到 OSPF 进程视图
[R1-ospf-10]default-route-advertise always       //将默认路由通告到 OSPF 区域
[R1-ospf-10]quit                                 //退出到系统视图
```

SW1：

```
[SW1]ospf 10                                     //创建 OSPF 进程 10
[SW1-ospf-10]area 0                              //进入 OSPF 区域 0
[SW1-ospf-10-area-0.0.0.0]network 192.168.10.0 0.0.0.255
                                                 //将 192.168.10.0/24 加入到区域 0
[SW1-ospf-10-area-0.0.0.0]network 192.168.20.0 0.0.0.255
                                                 //将 192.168.20.0/24 加入到区域 0
[SW1-ospf-10-area-0.0.0.0]network 192.168.100.0 0.0.0.255
                                                 //将 192.168.100.0/24 加入到区域 0
[SW1-ospf-10-area-0.0.0.0]network 10.1.1.0 0.0.0.3
                                                 //将 10.1.1.0/30 加入到区域 0
[SW1-ospf-10-area-0.0.0.0]quit                   //退出到 OSPF 进程视图
[SW1-ospf-10]quit                                //退出到系统视图
```

SW2：

```
[SW2]ospf 10                                     //创建 OSPF 进程 10
[SW2-ospf-10]area 0                              //进入 OSPF 区域 0
[SW2-ospf-10-area-0.0.0.0]network 192.168.90.0 0.0.0.255
                                                 //将 192.168.90.0/24 加入到区域 0
[SW2-ospf-10-area-0.0.0.0]network 192.168.100.0 0.0.0.255
                                                 //将 192.168.100.0/24 加入到区域 0
[SW2-ospf-10-area-0.0.0.0]quit                   //退出到 OSPF 进程视图
[SW2-ospf-10]quit                                //退出到系统视图
```

2）接入交换机 SW3、SW4 并配置默认路由指向 SW1。

SW3：

```
[SW3] ip route-static 0.0.0.0 0 192.168.100.1
//配置默认路由指向 192.168.100.1
```

SW4：

```
[SW4] ip route-static 0.0.0.0 0 192.168.100.1
```

```
//配置默认路由指向192.168.100.1
```

任务5：出口配置。

创建访问控制列表2000，配置规则允许内网用户网段同构，在R1的GE 0/0/0接口上配置Easy IP方式的NAT Outbound，调用的访问控制列表编号为2000。

```
[R1]acl 2000                        //创建ACL，编号为2000
[R1-acl-basic-2000]rule permit source 192.168.10.0 0.0.0.255
                                    //配置规则允许源192.168.10.0/24网段通过
[R1-acl-basic-2000]rule permit source 192.168.20.0 0.0.0.255
                                    //配置规则允许源192.168.20.0/24网段通过
[R1-acl-basic-2000]rule permit source 192.168.90.0 0.0.0.255
                                    //配置规则允许源192.168.90.0/24网段通过
[R1-acl-basic-2000]quit             //退出到全局模式
[R1]interface GigabitEthernet 0/0/0          //进入GE 0/0/0接口
[R1-GigabitEthernet0/0/0]nat outbound 2000
                                    //配置接口启用Easy IP方式的NAT
[R1-GigabitEthernet0/0/0]quit                //退出
```

任务6：SSH服务配置。

1）以SW1为例在网络设备上配置SSH服务，相关参数如下：

① 创建RSA密钥rsa local-key-pair creat，密钥长度为2048。

② 开启SSH，即使能stelnet server enable。

③ 进入VTY用户界面，user-interface vty 0 4，用户界面认证方式为authentication-mode aaa，VTY用户界面主持SSH为protocol inbound ssh。

④ 创建SSH用户admin，用户名为ssh user admin。配置admin的认证类型为密码认证：ssh user admin anthentication-type password。配置admin的服务类型为stelnet：ssh user admin service-type stelnet。

⑤ 进入AAA视图，配置本地用户相关信息。进入AAA：[SW1]aaa；配置本地用户admin及密码HwEdu12#¥：Local-user adminpassword cipher HwEdu12#¥；配置本地用户admin服务方式为SSH：local-user admin service-type ssh；配置本地用户admin的用户等级为15：local-user admin privilege level 15。

```
[SW1]rsa local-key-pair create
Input the bits in the modulus[default = 512]:2048
//创建RSA密钥，在此过程中需要填写RSA密钥长度为2048
[SW1]stelnet server enable                   //使能stelnet服务（开启SSH）
[SW1]user-interface vty 0 4                  //进入VTY用户界面
[SW1-ui-vty0-4]authentication-mode aaa       //配置VTY用户界面认证方式为AAA
[SW1-ui-vty0-4]protocol inbound ssh          //配置VTY用户界面支持SSH
[SW1-ui-vty0-4]quit                          //退出VTY用户界面
[SW1]ssh user admin                          //创建SSH用户
[SW1]ssh user admin authentication-type password
```

```
                                         //配置 admin 用户认证类型为密码认证
[SW1]ssh user admin service-type stelnet
                                         //配置 admin 用户服务方式为 stelnet
[SW1]aaa                          //进入 AAA 视图
[SW1-aaa]local-user admin password cipher HwEdu12#$
                                         //配置本地用户 admin，密码为 HwEdu12#$
[SW1-aaa]local-user admin service-type ssh
                                         //配置本地用户 admin 的服务方式为 ssh
[SW1-aaa]local-user admin privilege level 15
                                         //配置本地用户 admin 的用户等级为 15
[SW1-aaa]quit                     //退出 AAA 视图
```

2）其他交换机或路由器都执行同样的操作启用 SSH 服务。

3 实验验证

1）在交换机上使用 display vlan 命令查看 VLAN 配置是否生效，以 SW3 为例。VLAN 描述如图 5-9 所示。

```
VID  Status  Property     MAC-LRN Statistics Description
---------------------------------------------------------
1    enable  default      enable  disable    VLAN 0001
10   enable  default      enable  disable    FA
20   enable  default      enable  disable    PM
100  enable  default      enable  disable    SW-MGMT
```

图 5-9 VLAN 描述

2）在各接入交换机上使用 display port vlan 命令查看接口分配状态，以 SW3 为例。VLAN 接口分配状态如图 5-10 所示。

```
<SW3>dis port vlan
Port                    Link Type   PVID  Trunk VLAN List
---------------------------------------------------------
Ethernet0/0/1           access      10    -
Ethernet0/0/2           access      10    -
Ethernet0/0/3           access      10    -
Ethernet0/0/4           access      10    -
Ethernet0/0/5           access      10    -
Ethernet0/0/6           access      10    -
Ethernet0/0/7           access      10    -
Ethernet0/0/8           access      10    -
Ethernet0/0/9           access      10    -
Ethernet0/0/10          access      10    -
Ethernet0/0/11          access      10    -
Ethernet0/0/12          access      10    -
Ethernet0/0/13          access      10    -
Ethernet0/0/14          access      10    -
Ethernet0/0/15          access      10    -
Ethernet0/0/16          access      10    -
Ethernet0/0/17          access      10    -
Ethernet0/0/18          access      10    -
Ethernet0/0/19          access      10    -
Ethernet0/0/20          access      10    -
Ethernet0/0/21          hybrid      1     -
Ethernet0/0/22          hybrid      1     -
GigabitEthernet0/0/1    trunk       1     1 10 20 100
GigabitEthernet0/0/2    trunk       1     1 10 20 100
```

图 5-10 VLAN 接口分配状态

167

3）在核心交换机、服务器群交换机上使用 display eth-trunk 命令查看 Eth-Trunk 端口状态，以 SW1 为例。Eth-Trunk 端口状态如图 5-11 所示。

```
<SW1>dis eth-trunk 1
Eth-Trunk1's state information is:
WorkingMode: NORMAL          Hash arithmetic: According to SIP-XOR-DIP
Least Active-linknumber: 1   Max Bandwidth-affected-linknumber: 8
Operate status: up           Number Of Up Port In Trunk: 2
--------------------------------------------------------------------
PortName                     Status      Weight
GigabitEthernet0/0/21        Up          1
GigabitEthernet0/0/22        Up          1
```

图 5-11　Eth-Trunk 端口状态

4）在交换机上使用 display stp 命令查看生成树配置状态，以 SW3 为例。生成树配置状态如图 5-12 所示。

```
<SW3>dis stp
-------[CIST Global Info][Mode RSTP]-------
CIST Bridge          :32768.4c1f-ccf5-7fd2
Config Times         :Hello 2s MaxAge 20s FwDly 15s MaxHop 20
Active Times         :Hello 2s MaxAge 20s FwDly 15s MaxHop 20
CIST Root/ERPC       :4096 .4c1f-cc3d-2676 / 20000
CIST RegRoot/IRPC    :32768.4c1f-ccf5-7fd2 / 0
CIST RootPortId      :128.23
BPDU-Protection      :Disabled
TC or TCN received   :14
TC count per hello   :0
STP Converge Mode    :Normal
Time since last TC   :0 days 0h:51m:43s
Number of TC         :6
Last TC occurred     :GigabitEthernet0/0/1
```

图 5-12　生成树配置状态

5）在交换机上查看使用 display stp brief 命令生成树实例的端口状态，以 SW3 为例。生成树端口状态如图 5-13 所示。

```
<SW3>dis stp brief
MSTID  Port                    Role  STP State   Protection
 0     Ethernet0/0/1           DESI  FORWARDING  NONE
 0     GigabitEthernet0/0/1    ROOT  FORWARDING  NONE
 0     GigabitEthernet0/0/2    ALTE  DISCARDING  NONE
```

图 5-13　生成树端口状态

6）在各设备上使用 display ip routing-table 命令查看路由表，以 SW2 为例。SW2 路由表如图 5-14 所示。

```
<SW2>dis ip routing-table
Route Flags: R - relay, D - download to fib
------------------------------------------------------------------
Routing Tables: Public
        Destinations : 10        Routes : 10

Destination/Mask    Proto   Pre  Cost   Flags NextHop         Interface
      0.0.0.0/0     O_ASE   150  1        D   192.168.100.1   Vlanif100
     10.1.1.0/30    OSPF    10   2        D   192.168.100.1   Vlanif100
    127.0.0.0/8     Direct  0    0        D   127.0.0.1       InLoopBack0
    127.0.0.1/32    Direct  0    0        D   127.0.0.1       InLoopBack0
  192.168.10.0/24   OSPF    10   2        D   192.168.100.1   Vlanif100
  192.168.20.0/24   OSPF    10   2        D   192.168.100.1   Vlanif100
  192.168.90.0/24   Direct  0    0        D   192.168.90.1    Vlanif90
  192.168.90.1/32   Direct  0    0        D   127.0.0.1       Vlanif90
 192.168.100.0/24   Direct  0    0        D   192.168.100.2   Vlanif100
 192.168.100.2/32   Direct  0    0        D   127.0.0.1       Vlanif100
```

图 5-14　SW2 路由表

7）为财务部 PC 手动配置 IP 地址为 192.168.10.254/24，网关指向 192.168.10.1，服务器群 PC 手动配置 IP 地址为 192.168.90.254/24，网关指向 192.168.90.1，在财务部 PC 上分别 ping 测试与项目管理部、服务器群的连通性。PC 与项目管理部和服务器群的连通性测试如图 5-15 所示。

图 5-15　PC 与项目管理部和服务器群的连通性测试

8）在财务部 PC 上 ping 16.16.16.16，测试 NAT 是否正常。NAT 测试如图 5-16 所示。

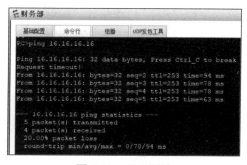

图 5-16　NAT 测试

5.4

网络系统建设与运维认证（高级）（校园网建设项目）

本项目为模拟某高校校园网的规划与建设。校园网构建应用到 VLAN、MSTP、NAT、OSPF、路由引入、BGP、DHCP、WLAN、BFD 及 VRRP 等高级路由交换关键技术。

5.4.1 项目需求分析

高校校园网的信息化建设涉及多种网元，如交换机、路由器、无线设备及安全设备等。本项目模拟某高校校园网，GL 校区为研究生部，XL 校区为本科生部，需对研究生部和本科生部两部分网络重新建设、规划和配置，还需要对校外 WAN 和 Internet 进行连接配置。

5.4.2 项目设计说明

项目设计思路如下。

1）校区内（LAN）：使用 OSPF 来实现校区内互联；使用 DHCP、VLAN、RSTP 实现局域网 IP 分配、业务隔离等需求；使用 Fit AP+AC 架构的 WLAN 实现无线接入的需求；使用 VRRP、Eth-Trunk 等冗余备份技术来保障网络的可靠性。

2）校区间（WAN）：使用 OSPF 来实现校区间互联；使用 BFD 来缩短 OSPF 故障检测时间。

3）校区外（Internet）：使用 NAT 实现校区访问 Internet；使用 BGP 实现 Internet 各组织间的互访。

网络系统建设与运维认证（高级）模拟实验项目拓扑如图 5-17 所示。

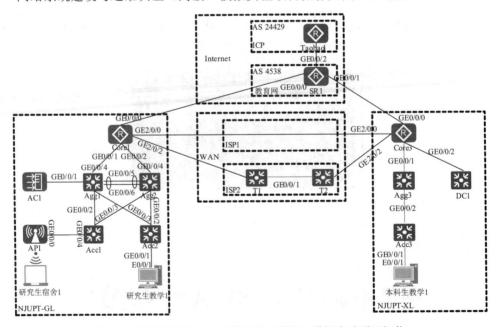

图 5-17　网络系统建设与运维认证（高级）模拟实验项目拓扑

VLAN 规划如表 5-10 所示。

表 5-10　VLAN 规划

设备名称	端口	端口类型	VLAN 参数
Acc1	GE 0/0/2	Trunk	Allow-pass：VLAN 1 to 4094
	GE 0/0/3	Trunk	Allow-pass：VLAN 1 to 4094
	GE 0/0/4	Trunk	PVID：30 Allow-pass：VLAN 1，30，40
Acc2	GE 0/0/1	Access	PVID：10
	GE 0/0/2	Trunk	Allow-pass：VLAN 1 to 4094
	GE 0/0/3	Trunk	Allow-pass：VLAN 1 to 4094
Agg1	Eth-Trunk1	Trunk	Allow-pass：VLAN 1 to 4094
	GE 0/0/1	Trunk	Allow-pass：VLAN 30
	GE 0/0/2	Trunk	Allow-pass：VLAN 1 to 4094
	GE 0/0/3	Trunk	Allow-pass：VLAN 1 to 4094
	GE 0/0/4	Access	PVID：105
Agg2	Eth-Trunk1	Trunk	Allow-pass：VLAN 1 to 4094
	GE 0/0/2	Trunk	Allow-pass：VLAN 1 to 4094
	GE 0/0/3	Trunk	Allow-pass：VLAN 1 to 4094
	GE 0/0/4	Accrss	PVID：106
Agg3	GE 0/0/1	Access	PVID：108
	GE 0/0/2	Trunk	Allow-pass：VLAN 1 to 4094
Acc3	GE 0/0/1	Access	PVID：50
	GE 0/0/2	Trunk	Allow-pass：VLAN 1 to 4094
DC1	GE 0/0/2	Access	PVID：201
AC1	GE 0/0/1	Trunk	Allow-pass：VLAN 30

IP 地址规划如表 5-11 所示。

表 5-11　IP 地址规划

设备名称	接口	IP 地址
Taobao1	Loopback0	14.4.4.4/32
	GE 0/0/2	14.1.1.1/30
SR1	GE 0/0/0	210.28.1.1/27
	GE 0/0/1	223.2.1.1/26
	GE 0/0/2	14.1.1.2/30
Core1	Loopback0	10.1.9.9/32
	GE 0/0/0	210.28.1.2/27
	GE 0/0/1	10.1.79.9/24
	GE 0/0/2	10.1.89.9/24
	GE 2/0/0	10.3.69.9/24
	GE 1/0/0	10.2.69.9/24

续表

设备名称	接口	IP 地址
Core3	Loopback0	10.1.128.6/32
	GE 0/0/0	223.2.1.2/26
	GE 0/0/1	10.1.56.6/24
	GE 0/0/2	10.1.201.6/24
	GE 2/0/0	10.3.69.6/24
	GE 1/0/0	10.2.69.6/24
Agg1	Loopback0	10.1.7.7/32
	VLANIF 10	192.168.10.1/24
	VLANIF 40	192.168.40.254/24
	VLANIF 105	10.1.79.7/24
Agg2	Loopback0	10.1.8.8/32
	VLANIF 10	192.168.10.2/24
	VLANIF 106	10.1.89.8/24
Agg3	Loopback0	10.1.128.5./32
	VLANIF 50	192.168.50.254/24
	VLANIF 108	10.1.56.5/24
AC	VLANIF 30	192.168.30.1/24

通过 eNSP 仿真模拟器构建实训拓扑，将设备相连接，根据 IP 地址规划和 VLAN 数据规划将数据配置到相应设备上，完成项目任务。

5.4.3 项目任务实施

1 任务 1 校区内（LAN）连接

（1）任务 1.1 Eth-Trunk

任务要求：Eth-Trunk 配置是在 LAN-研究生部，在 Agg1 和 Agg2 之间的链路，通过 LACP 模式实现链路聚合，成员接口为 GE0/0/5 和 GE0/0/6。该逻辑接口编号为 0。

Eth-Trunk

实训配置参考答案如下。

Agg1：

```
[Agg1]interface Eth-Trunk 0
[Agg1-Eth-Trunk0]mode lacp-static
[Agg1-Eth-Trunk0]trunkport GigabitEthernet 0/0/5 to 0/0/6
```

Agg2：

```
[Agg2]interface Eth-Trunk 0
[Agg2-Eth-Trunk0]mode lacp-static
[Agg2-Eth-Trunk0]trunkport GigabitEthernet 0/0/5 to 0/0/6
```

（2）任务 1.2 VLAN

任务要求：配置 Agg1—Core1、Agg2—Core1、Agg3—Core3、Agg1—Agg2 互连端口的端口类型，VLAN 绑定。配置 Agg1 的 GE0/0/4、Agg2 的 GE0/0/4、Agg3 的 GE0/0/1 的 端口类型，VLAN 绑定。研究生教学 1 属于 VLAN 10，需配置 Acc2—研究生教学 1 的互连端口的端口类型，VLAN 绑定。本科生教学 1 属于 VLAN 50，需配置 Acc3—本科生教学 1 的互连端口的端口类型，VLAN 绑定。

VLAN

实训配置参考答案如下。

Agg1：

```
[Agg1]vlan batch 30
[Agg1]interface GigabitEthernet 0/0/4
[Agg1-GigabitEthernet0/0/4]port link-type access
[Agg1-GigabitEthernet0/0/4]port default vlan 105
[Agg1-GigabitEthernet0/0/4]quit
[Agg1]interface Eth-Trunk 0
[Agg1-Eth-Trunk0]port link-type trunk
[Agg1-Eth-Trunk0]port trunk allow-pass vlan all
[Agg1]interface GigabitEthernet 0/0/1
[Agg1-GigabitEthernet0/0/1]port link-type trunk
[Agg1-GigabitEthernet0/0/1]port trunk allow-pass vlan 30
```

Agg2：

```
[Agg2]interface GigabitEthernet 0/0/4
[Agg2-GigabitEthernet0/0/4]port link-type access
[Agg2-GigabitEthernet0/0/4]port default vlan 106
[Agg2-GigabitEthernet0/0/4]quit
[Agg2]interface Eth-Trunk 0
[Agg2-Eth-Trunk0]port link-type trunk
[Agg2-Eth-Trunk0]port trunk allow-pass vlan all
```

Agg3：

```
[Agg3]interface GigabitEthernet 0/0/1
[Agg3-GigabitEthernet0/0/4]port link-type access
[Agg3-GigabitEthernet0/0/4]port default vlan 108
```

Acc1：

```
[Acc1]vlan batch 30 40
[Acc1]interface GigabitEthernet 0/0/4
[Acc1-GigabitEthernet0/0/4]port link-type trunk
[Acc1-GigabitEthernet0/0/4]port trunk  pvid vlan 30
[Acc1-GigabitEthernet0/0/4]port trunk allow-pass vlan 30 40
```

Acc2：

```
[Acc2]vlan batch 10
```

```
[Acc2]int GigabitEthernet0/0/1
[Acc2-GigabitEthernet0/0/1]port link-type access
[Acc2-GigabitEthernet0/0/1]port default vlan 10
```

Acc3：

```
[Acc3]vlan batch 50
[Acc3]interface GigabitEthernet 0/0/1
[Acc3-GigabitEthernet0/0/1]port link-type access
[Acc3-GigabitEthernet0/0/1]port default vlan 50
```

DC1：

```
[DC1]vlan batch 201
[DC1]interface GigabitEthernet 0/0/2
[DC1-GigabitEthernet0/0/2]port link-type access
[DC1-GigabitEthernet0/0/2]port default vlan 201
```

AC1：

```
[AC1]vlan batch 30
[AC1]interface GigabitEthernet 0/0/1
[AC1-GigabitEthernet0/0/1]port link-type trunk
[AC1-GigabitEthernet0/0/1]port trunk allow-pass vlan 30
```

（3）任务 1.3 IP 地址

任务要求：VLANIF 10 在 Agg1 的 IP 地址为 192.168.10.252/24，在 Agg2 的 IP 地址为 192.168.10.253/24。VLANIF 40 在 Agg1 的 IP 地址为 192.168.40.254/24。VLANIF 50 在 Agg3 的 IP 地址为 192.168.50.254/24。

IP 地址

实训配置参考答案如下。

Taobao1：

```
[Taobao1]interface LoopBack 0
[Taobao1-LoopBack0]ip address 14.4.4.4 32
```

Core1：

```
[Core1]interface LoopBack 0
[Core1-LoopBack0]ip address 10.1.1.9 32
```

Core3：

```
[Core3]interface LoopBack 0
[Core3-LoopBack0]ip address 10.1.128.6 32
```

Agg1：

```
[Agg1]vlan batch 10 40
[Agg1]interface Vlanif 10
[Agg1-Vlanif10]ip address 192.168.10.1 24
[Agg1-Vlanif10]quit
[Agg1]interface Vlanif 40
[Agg1-Vlanif40]ip address 192.168.40.254 24
[Agg1]interface LoopBack 0
```

```
[Agg1-LoopBack0]ip address 10.1.1.7 32
```

Agg2:

```
[Agg2]interface Vlanif 10
[Agg2-Vlanif10]ip address 192.168.10.2 24
[Agg2-Vlanif10]quit
[Agg2]interface LoopBack 0
[Agg2-LoopBack0]ip address 10.1.8.8 32
```

Agg3:

```
[Agg3]vlan  batch 50
[Agg3]interface Vlanif 50
[Agg3-Vlanif50]ip address 192.168.50.254 24
[Agg3-Vlanif50]quit
[Agg3]interface LoopBack 0
[Agg3-LoopBack0]ip address 10.1.128.5 32
```

AC1:

```
[AC1]interface Vlanif 30
[AC1-Vlanif30]ip address 192.168.30.1 24
```

（4）任务 1.4 MSTP

MSTP

任务要求：为了防止 Acc1、Acc2、Agg1、Agg2 之间出现环路，使用设备默认支持的 MSTP。Agg1 为 instance 0 的根桥，Agg2 为 instance 0 的备份根桥，通过配置桥优先级值来明确根桥（桥优先级为 0）和备份根桥（桥优先级为 4096）的角色。

实训配置参考答案如下。

Agg1:

```
[Agg1]stp instance 0 priority 0
```

Agg2:

```
[Agg2]stp instance 0 priority 4096
```

（5）任务 1.5 VRRP

VRRP

任务要求：VLAN 10 使用 VRRP 备份组 1，VRRP 备份组 1 虚拟 IP 地址为 192.168.10.254。VRRP 备份组 1 以 Agg1 为主网关（优先级为 200），以 Agg2 作为备份网关（优先级为缺省）。

实训配置参考答案如下。

Agg1:

```
[Agg1]interface Vlanif 10
[Agg1-Vlanif10]vrrp vrid 1 virtual-ip 192.168.10.254
[Agg1-Vlanif10]vrrp vrid  1 priority 200
```

Agg2:

```
[Agg2]int Vlanif 10
[Agg2-Vlanif10]vrrp vrid 1 virtual-ip 192.168.10.254
```

（6）任务 1.6 DHCP

任务要求：在大型网络中，一般使用 DHCP 来为终端分配 IP 地址。本科生教学 1 主机通过 DHCP 获取 IP 地址，Agg3 作为 VLAN 50 的 DHCP 服务器，采用 VLANIF 50 的接口地址池。

DHCP

实训配置参考答案如下。

```
[Agg3]dhcp enable
[Agg3]interface Vlanif 50
[Agg3-Vlanif50]dhcp select interface
```

（7）任务 1.7 WLAN

任务要求：在 NJUPT-GL 校区，使用 Fit AP+AC 的组网方式为研究生宿舍提供 WLAN 接入。请根据表 5-12 中的参数进行组网。

WLAN-1　　　　WLAN-2　　　　WLAN-3

表 5-12　组网参数

配置项	参数
DHCP 服务器	AC1 作为 AP 的 DHCP 服务器，采用 VLANIF 30 的接口地址池； Agg1 作为研究生宿舍 STA 的 DHCP 服务器，采用 VLANIF 40 的接口地址池
AC 源接口地址	192.168.30.254/24 (VLANIF 30)
SSID 模板	SSID-profile Name：NJUPT ssid：NJUPT
Security 模板	Security Name：NJUPT 认证方式：wpa-wpa2 psk 加密方式：aes 密码：huawei@123
VAP 模板	VAP-profile Name：NJUPT Service-VLAN：VLAN 40 绑定：ssid-profile NJUPT security-profile NJUPT
Ap-group	AP-Group Name：g1 WLAN id：1 引用 VAP-profile Name NJUPT，应用在射频 radio 0 和 radio 1
AP 上线	认证方式：MAC 认证 ap-Name：AP1 AP-Group：g1
STA 上线	选择 SSID：NJUPT 输入密码：huawei@123

实训配置参考答案如下。

Agg1：

```
[Agg1]dhcp enable
[Agg1]interface Vlanif 40
[Agg1-Vlanif40]dhcp select interface
```

AC1：

```
[AC1]dhcp enable
[AC1]interface Vlanif 30
[AC1-Vlanif30]dhcp select interface
[AC1-Vlanif30]quit
[AC1]capwap source interface Vlanif 30
[AC1]wlan
[AC1-wlan-view]ssid-profile name NJUPT
[AC1-wlan-ssid-prof-NJUPT]ssid NJUPT
[AC1-wlan-ssid-prof-NJUPT]quit
[AC1-wlan-view]security-profile name NJUPT
[AC1-wlan-sec-prof-NJUPT]security wpa-wpa2 psk pass-phrase huawei@123 aes
[AC1-wlan-sec-prof-NJUPT]quit
[AC1-wlan-view]vap-profile name NJUPT
[AC1-wlan-vap-prof-NJUPT]service-vlan vlan-id 40
[AC1-wlan-vap-prof-NJUPT]ssid-profile NJUPT
[AC1-wlan-vap-prof-NJUPT]security-profile NJUPT
[AC1-wlan-vap-prof-NJUPT]quit
[AC1-wlan-view]ap-group name g1
[AC1-wlan-ap-group-g1]vap-profile NJUPT wlan 1 radio 0
[AC1-wlan-ap-group-g1]vap-profile NJUPT wlan 1 radio 1
[AC1-wlan-ap-group-g1]quit
[AC1-wlan-view]ap auth-mode mac-auth
[AC1-wlan-view]ap-id 0 ap-mac 00e0-fcc1-40c0
[AC1-wlan-ap-0]ap-name AP1
[AC1-wlan-ap-0]ap-group g1
```

（8）任务 1.8 OSPF

任务要求：

1）在 GL 校区内，Agg1—Core1 运行 OSPF，互连网段为 10.1.79.0/24，区域号为 0；在 Agg2—Core1 运行 OSPF，互连网段为 10.1.89.0/24。OSPF 进程号为 1，区域号为 0。

OSPF

2）在 XL 校区内，Agg3—Core3 运行 OSPF，互连网段为 10.1.56.0/24。OSPF 进程号为 1，区域号为 0。

3）在 DC1—Core3 之间运行 OSPF，互连网段为 10.1.201.0/24。OSPF 进程号为 1，区域号为 0。已预配，不需要配置。

4）在 Agg1、Agg2，将 VLANIF 10、VLANIF 40 的直连网段通告入 OSPF 区域 0。

5）在 Agg3，将 VLANIF 50 的直连网段通告入 OSPF 区域 0。

实训配置参考答案如下。

Agg1：

```
[Agg1]ospf 1
[Agg1-ospf-1]area 0
[Agg1-ospf-1-area-0.0.0.0]network 10.1.79.7 0.0.0.0
[Agg1-ospf-1-area-0.0.0.0]network 192.168.40.0 0.0.0.255
[Agg1-ospf-1-area-0.0.0.0]network 192.168.10.0 0.0.0.255
```

Agg2：

```
[Agg2]ospf 1
[Agg2-ospf-1]area 0
[Agg2-ospf-1-area-0.0.0.0]network 10.1.89.8 0.0.0.0
[Agg2-ospf-1-area-0.0.0.0]network 192.168.10.0 0.0.0.255
```

Core1：

```
[Core1]ospf 1
[Core1-ospf-1]area 0
[Core1-ospf-1-area-0.0.0.0]network 10.1.79.9 0.0.0.0
[Core1-ospf-1-area-0.0.0.0]network 10.1.89.9 0.0.0.0
```

Core3：

```
[Core3]ospf 1
[Core3-ospf-1]area 0
[Core3-ospf-1-area-0.0.0.0]network 10.1.56.6 0.0.0.0
```

Agg3：

```
[Agg3]ospf 1
[Agg3-ospf-1]area 0
[Agg3-ospf-1-area-0.0.0.0]network 192.168.50.0 0.0.0.255
[Agg3-ospf-1-area-0.0.0.0]network 10.1.56.5 0.0.0.0
```

2 任务 2 校区间（WAN）

（1）任务 2.1 WAN 连接

任务要求：在 GL 和 XL 校区间，从 2 个运营商分别租用了一条 WAN 链路：从运营商 ISP1 租用裸光纤（命名为 WAN1）；从运营商 ISP2 租用 WDM 电路（命名为 WAN2，在实验中采用 S57 模拟 WDM 设备 T1 和 T2）。

WAN 连接

1）通过 WAN1、WAN2，Core1~Core3 建立 2 对 OSPF 邻居。

2）GL 和 XL 校区间互通优选 WAN2：WAN1 的 OSPF 链路 cost=3，WAN2 的 OSPF 链路 cost=1。cost 已预配。

3）研究生宿舍 1、研究生教学 1、本科生教学 1 可以互相 ping 通。

实训配置参考答案如下。

Core1：

```
[Core1]ospf 1
```

```
[Core1-ospf-1]area 0
[Core1-ospf-1-area-0.0.0.0]network 10.2.69.9 0.0.0.0
[Core1-ospf-1-area-0.0.0.0]network 10.3.69.9 0.0.0.0
```

Core3：

```
[Core3]ospf 1
[Core3-ospf-1]area 0
[Core3-ospf-1-area-0.0.0.0]network 10.2.69.6 0.0.0.0
[Core3-ospf-1-area-0.0.0.0]network 10.3.69.6 0.0.0.0
```

（2）任务 2.2 OSPF 和 BFD 联动

任务要求：T1 和 T2 之间的光缆被挖断后，Core1、Core3 需要 40s（OSPF 的 dead-interval）才能感知该故障。

为了缩短该段光缆故障的感知时间，在 Core1、Core3 配置 OSPF 与 BFD 联动：BFD 的最小发送、接收间隔都设为 30ms。这样，T1 和 T2 之间的光缆在被挖断后，Core1、Core3 仅需要 90ms 就能够感知该故障。

OSPF 与 BFD
联动

实训配置参考答案如下。

Core1：

```
[Core1]bfd
[Core1-bfd]quit
[Core1]ospf
[Core1-ospf-1]bfd all-interfaces enable
[Core1-ospf-1]bfd all-interfaces min-rx-interval 30 min-tx-interval 30
```

Core3：

```
[Core3]bfd
[Core3-bfd]quit
[Core3]ospf
[Core3-ospf-1]bfd all-interfaces enable
[Core3-ospf-1]bfd all-interfaces min-rx-interval 30 min-tx-interval 30
```

3　任务 3　校区外（Internet）

（1）任务 3.1 BGP

任务要求：跨组织间的路由学习，必须通过 EBGP 协议。本任务中，某网上购物 ICP 的 Taobao1 路由器与教育网的 SR1 路由器之间通过 EBGP 互通。

BGP

1）Taobao1—SR1 通过互连接口建立 EBGP 邻居。

2）Taobao1 在 AS 24429，将业务地址 14.4.4.4/32 通过 network 通告到 BGP。

3）SR1 在 AS 4538，将直连网段 210.28.1.0/27、223.2.1.0/26 通过 network 通告到 BGP。

Taobao1 学习到 210.28.1.0/27、223.2.1.0/26，SR1 学习到 14.4.4.4/32。

实训配置参考答案如下。

Taobao1：

```
[Taobao1]bgp 24429
[Taobao1-bgp]peer 14.1.1.2 as-number 4538
[Taobao1-bgp]network 14.4.4.4 32
```

SR1：

```
[SR1]bgp 4538
[SR1-bgp]peer 14.1.1.1 as-number 24429
[SR1-bgp]network 210.28.1.0 27
[SR1-bgp]network 223.2.1.0 26
```

（2）任务 3.2　Static、OSPF 和 NAT

任务要求：Core1 通过静态默认路由访问 Internet，下一跳为 210.28.1.1。

Core3 通过静态默认路由访问 Internet，下一跳为 223.2.1.1。

实训配置参考答案如下。

Static、OSPF 和
NAT

static：

Core1：

```
[Core1]ip route-static 0.0.0.0 0 210.28.1.1    //配置默认路由指向 SR1
```

Core3：

```
[Core3]ip route-static 0.0.0.0 0 223.2.1.1    //配置默认路由指向 SR1
```

OSPF：

Core1：

```
[Core1]ospf
[Core1-ospf-1]default-route-advertise    //将默认路由引入至 OSPF
```

Core3：

```
[Core3]ospf
[Core3-ospf-1]default-route-advertise    //将默认路由引入至 OSPF
```

NAT：

Core1：

```
[Core1]nat address-group 1 210.28.1.3 210.28.1.30
[Core1]acl 2000
[Core1-acl-basic-2000]rule 5 permit source 192.168.0.0 0.0.255.255
[Core1-acl-basic-2000]quit
[Core1]interface GigabitEthernet 0/0/0
[Core1-GigabitEthernet0/0/0]nat outbound 2000 address-group 1
```

Core3：

```
[Core3]nat address-group 1 223.2.1.3 223.2.1.62
[Core3]acl 2000
[Core3-acl-basic-2000]rule 5 permit source 192.168.0.0 0.0.255.255
[Core3-acl-basic-2000]quit
[Core3]interface GigabitEthernet 0/0/0
[Core3-GigabitEthernet0/0/0]nat outbound 2000 address-group
```

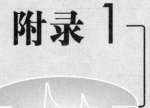

附录 1 企业网（校园网）建设与运维综合项目实训教学案例

本课程在完成其前导课程"路由交换技术与应用"后实施。

1）整周实训 2 周，48 课时，周课时 24 课时。

2）第 1 周理实一体化授课，讲解路由交换典型技术应用场景。

3）第 2 周企业网建设与运维综合项目实训（或校园网建设与运维综合项目实训）。

教学安排如下：

第 1 周企业网建设与运维综合项目实训整周实训授课安排。

日期	项目实训内容	授课方式
Day 1	1）网络系统建设与维护（中级）考试技术讲解、单项目模拟练习 1 TCP/IP 基础； 2）网络系统建设与维护（中级）考试技术讲解、单项目模拟练习 2 网络交换技术	项目化演练
Day 2	1）网络系统建设与维护（中级）考试技术讲解、单项目模拟练习 3 路由技术； 2）网络系统建设与维护（中级）考试技术讲解、单项目模拟练习 4 网络可靠性	
Day 3	1）网络系统建设与维护（中级）考试技术讲解、单项目模拟练习 5 广域网技术； 2）网络系统建设与维护（中级）考试技术讲解、单项目模拟练习 6 网络安全技术	
Day 4	1）网络系统建设与维护（中级）考试技术讲解、单项目模拟练习 7 IPv6 协议； 2）网络系统建设与维护（中级）考试技术讲解、单项目模拟练习 8 WLAN 技术	
Day 5	1）网络系统建设与维护（中级）考试技术讲解、单项目模拟练习 9 网络管理； 2）网络系统建设与维护（中级）考试知识点总结，理论考试模拟限时练习； 3）网络系统建设与维护（中级）考试单元技术应用实验模拟限时练习	

第 2 周企业网建设与运维综合项目实训整周实训授课安排。

日期	项目实训内容	授课方式
Day1	1. 项目背景介绍 2. 项目需求分析 3. 项目规划设计 使用 eNSP 仿真模拟器构建企业拓扑：	讲授演示 实操训练
Day 2	3.1　VLAN 规划 3.2　设备管理规划 3.3　端口互联规划 3.4　IP 规划 3.5　SSH 服务规划	讲授演示 实操训练
Day 3	4. 项目实施 任务 1　VLAN 配置 任务 2　以太网配置 任务 3　IP 业务配置	讲授演示 实操训练
Day 4	任务 4　路由配置 任务 5　出口配置 任务 6　SSH 服务配置	讲授演示 实操训练
Day 5	5. 项目调测 课程小结、实训报告整理、实训过程考核	实验考核

附录 2 过程考核成绩记录单

实训过程考核评分表			
班级		姓名	学号
考核项目名称:	考核内容	评价标准	考核得分
实训配置	配置命令正确	1)正确构建实验拓扑; 2)独立完成实训配置	
实验验证	验证结果正确	实验验证现象与需求一致	
合计			

附录 3 路由与交换技术命令集

```
<Quidway>system-view                              //进入系统视图
[Quidway]quit                                     //返回上级视图
[Quidway-Ethernet0/0/1]return                     //返回用户视图
[Quidway]sysname SWITCH                            //更改设备名
[Quidway]displayversion                           //查看系统版本
<Quidway>display current-configuration            //查看当前配置
<Quidway>display saved-configuration              //查看已保存配置
<Quidway>save                                     //保存当前配置
<Quidway>reset saved-configuration    //清除保存的配置（需重启设备才有效）
<Quidway>reboot                                   //重启设备
[Quidway-Ethernet0/0/1]display this               //查看当前视图配置
[Quidway]interface Ethernet0/0/1                  //进入端口
[Quidway]display interface Ethernet 0/0/1    //查看特定端口信息
[Quidway]display ip interface brief          //路由器配置，查看端口简要信息
[Quidway]display interface brief             //交换机配置，查看端口简要信息
[Quidway]stp mode stp            //将 STP 的模式设置成 802.1D 标准的 STP
[Quidway] stp enable             //在交换机上开启 STP 功能
[Quidway] stp rootprimary        //配置交换机优先级值为 0，即最优先
[Quidway] stp root secondary     //配置交换机优先级值为 4096，即比 0 低一个级别
[Quidway] vlan vlan-id   //创建 VLAN，进入 VLAN 视图，VLAN ID 的范围为 1~4096
[Quidway-Ethernet0/0/1]port link-type access    //配置本端口为 Access 端口
[Quidway-Ethernet0/0/1]port default vlan 10    //把端口添加到 VLAN 10
[Quidway-Ethernet0/0/23]port link-type trunk    //配置本端口为 Trunk 端口
[Quidway-Ethernet0/0/23]port trunk allow-pass vlan 10 20
                                 //本端口允许 VLAN 10 和 VLAN 20 通过
[Quidway] interface Eth-Trunk1   //创建端口聚合组 Eth-Trunk 1,进入 Eth-Trunk
```

//端口组 1 的视图

[Quidway-Ethernet0/0/1]eth-trunk 1　//将物理端口 Ethernet 0/0/1 加入
　　　　　　　　　　　　　　　　　　　　//Eth-Trunk 1

[Quidway] interface GigabitEthernet 0/0.5

//在物理端口 GigabitEthernet 0/0 创建子接口 GigabitEthernet 0/0.5

[Quidway-GigabitEthernet0/0.5] vlan-type dot1q vid 5

//在子接口 GigabitEthernet 0/0.5 设置封装类型为 dot1Q,封装的 VLAN ID 为 5

[Quidway] interface vlanif 5　　//在交换机上创建 VLANIF 接口 VLANIF 5,
　　　　　　　　　　　　　　　　　　//并进入 VLANIF 视图

[Quidway-vlan-interface 5]ip address 10.1.1.1 24　//给 VLANIF 5 分配
　　　　　　　　　　　　　　　　　　　　　　　　//IP 地址

[Quidway] rip　　　　　　　　　　//启动 RIP

[Quidway-rip-1]network 192.168.1.0　//在指定网段使能 RIP

[Quidway-Ethernet0/0]rip version 2　//在端口 Ethernet 0/0 使能 RIPv2

[Quidway] ospf 1　　　　　　　　//进入 OSPF 路由配置模式,进程号为 1

[Quidway-ospf-1]Area0　　　　　//创建骨干区域 Area0

[Quidway-ospf-1-area-0.0.0.0]network 192.168.1.0 0.0.0.255

//将 192.168.1.0/24 网段加入 OSPF 骨干区域 Area0

[Quidway-ospf-1]import-route direct　//把直连路由引入到 OSPF 中

[Quidway-Serial1/0/0]link-protocol hdlc　//设置路由器端口 Serial 1/0/0
　　　　　　　　　　　　　　　　　　　//工作在 HDLC 模式

[Quidway-Serial1/0/0] link-protocol fr　//配置端口封装类型为帧中继协议
　　　　　　　　　　　　　　　　　　　//链路协议

[Quidway-Serial1/0/0] fr interface-type dte　//配置端口类型为 DTE

[Quidway-Serial1/0/0] fr dlci 100　　//配置本地 DLCI 号

[Quidway] firewall enable　　　　　//在路由器上打开防火墙功能

[Quidway] firewall default permit　　//设置防火墙默认过滤方式为允许
　　　　　　　　　　　　　　　　　　//包通过

[Quidway] acl number 3001 match-order auto　//创建编号为 3001 的扩展 ACL,
　　　　　　　　　　　　　　　　　　　　//采用自动匹配

[Quidway-acl-adv-3001] rule permit ip source 10.1.7.66 0 destination
20.1.1.2 0

//允许源地址为 10.1.7.66 的数据访问目的地址 20.1.1.2

[Quidway-acl-adv-3001] rule deny ip source 10.1.7.66 0 destination
20.1.1.2 0

//拒绝源地址为 10.1.7.66 的数据访问目的地址 20.1.1.2

[Quidway] dhcp enable　　　　　　　　　//使能 DHCP 功能

[Quidway] ip pool 1　　　　　　　　　　//创建 DHCP 地址池 1

[Quidway-ip-pool-1]network 10.5.1.0 mask 255.255.255.0

//指明地址池的地址范围为 10.5.1.0/24 网段

参 考 文 献

华为技术有限公司，2019. 网络系统建设与运维（初级）[M]. 北京：人民邮电出版社.

华为技术有限公司，2019. 网络系统建设与运维（中级）[M]. 北京：人民邮电出版社.

华为技术有限公司，2019. 网络系统建设与运维（高级）[M]. 北京：人民邮电出版社.

孙秀英，2024. 路由交换技术及应用[M]. 4 版. 北京：人民邮电出版社.

孙秀英，朱祥贤，2009. 路由交换技术与应用[M]. 西安：西安电子科技大学出版社.

徐功文，2017. 路由与交换技术[M]. 北京：清华大学出版社.